T0282635

CAMBRIDGE LIBRARY COLLECTION

Books of enduring scholarly value

Mathematics

From its pre-historic roots in simple counting to the algorithms powering modern desktop computers, from the genius of Archimedes to the genius of Einstein, advances in mathematical understanding and numerical techniques have been directly responsible for creating the modern world as we know it. This series will provide a library of the most influential publications and writers on mathematics in its broadest sense. As such, it will show not only the deep roots from which modern science and technology have grown, but also the astonishing breadth of application of mathematical techniques in the humanities and social sciences, and in everyday life.

Was Sind und was Sollen die Zahlen?

The nineteenth century saw the paradoxes and obscurities of eighteenth-century calculus gradually replaced by the exact theorems and statements of rigorous analysis. It became clear that all analysis could be deduced from the properties of the real numbers. But what are the real numbers and why do they have the properties we claim they do? In this charming and influential book, Richard Dedekind (1831–1916), Professor at the Technische Hochschule in Braunschweig, shows how to resolve this problem starting from elementary ideas. His method of constructing the reals from the rationals (the Dedekind cut) remains central to this day and was generalised by Conway in his construction of the 'surreal numbers'. This reissue of Dedekind's 1888 classic is of the 'second, unaltered' 1893 edition.

Cambridge University Press has long been a pioneer in the reissuing of out-of-print titles from its own backlist, producing digital reprints of books that are still sought after by scholars and students but could not be reprinted economically using traditional technology. The Cambridge Library Collection extends this activity to a wider range of books which are still of importance to researchers and professionals, either for the source material they contain, or as landmarks in the history of their academic discipline.

Drawing from the world-renowned collections in the Cambridge University Library and other partner libraries, and guided by the advice of experts in each subject area, Cambridge University Press is using state-of-the-art scanning machines in its own Printing House to capture the content of each book selected for inclusion. The files are processed to give a consistently clear, crisp image, and the books finished to the high quality standard for which the Press is recognised around the world. The latest print-on-demand technology ensures that the books will remain available indefinitely, and that orders for single or multiple copies can quickly be supplied.

The Cambridge Library Collection brings back to life books of enduring scholarly value (including out-of-copyright works originally issued by other publishers) across a wide range of disciplines in the humanities and social sciences and in science and technology.

Was Sind und was Sollen die Zahlen?

RICHARD DEDEKIND

CAMBRIDGE UNIVERSITY PRESS

Cambridge, New York, Melbourne, Madrid, Cape Town,
Singapore, São Paolo, Delhi, Mexico City

Published in the United States of America by Cambridge University Press, New York

www.cambridge.org
Information on this title: www.cambridge.org/9781108050388

© in this compilation Cambridge University Press 2012

This edition first published 1893
This digitally printed version 2012

ISBN 978-1-108-05038-8 Paperback

This book reproduces the text of the original edition. The content and language reflect
the beliefs, practices and terminology of their time, and have not been updated.

Cambridge University Press wishes to make clear that the book, unless originally published
by Cambridge, is not being republished by, in association or collaboration with, or
with the endorsement or approval of, the original publisher or its successors in title.

Was sind und was sollen

die

Zahlen?

Was sind und was sollen

die

Zahlen?

Von

Richard Dedekind,

Professor an der technischen Hochschule zu Braunschweig.

Zweite unveränderte Auflage.

Ἀεὶ ὁ ἄνθρωπος ἀριθμητίζει.

Braunschweig,

Druck und Verlag von Friedrich Vieweg und Sohn.

1893.

Alle Rechte vorbehalten.

Meiner Schwester

Julie

und meinem Bruder

Adolf,

Dr. jur., Oberlandesgerichtsrath zu Braunschweig

in

herzlicher Liebe

gewidmet.

Vorwort zur ersten Auflage.

_____

Was beweisbar ist, soll in der Wissenschaft nicht ohne Beweis geglaubt werden. So einleuchtend diese Forderung erscheint, so ist sie doch, wie ich glaube, selbst bei der Begründung der einfachsten Wissenschaft, nämlich desjenigen Theiles der Logik, welcher die Lehre von den Zahlen behandelt, auch nach den neuesten Darstellungen*) noch keineswegs als erfüllt anzusehen. Indem ich die Arithmetik (Algebra, Analysis) nur einen Theil der Logik nenne, spreche ich schon aus, daß ich den Zahlbegriff für gänzlich unabhängig von den Vorstellungen oder Anschauungen des Raumes und der Zeit, daß ich ihn vielmehr für einen unmittelbaren Ausfluß der reinen Denkgesetze halte. Meine Hauptantwort auf die im Titel dieser Schrift gestellte Frage lautet: die Zahlen sind freie Schöpfungen

_____

*) Von den mir bekannt gewordenen Schriften erwähne ich das verdienstvolle Lehrbuch der Arithmetik und Algebra von E. Schröder (Leipzig, 1873), in welchem man auch ein Literaturverzeichniß findet, und außerdem die Abhandlungen von Kronecker und von Helmholtz über den Zahlbegriff und über Zählen und Messen (in der Sammlung der an E. Zeller gerichteten philosophischen Aufsätze, Leipzig 1887). Das Erscheinen dieser Abhandlungen ist die Veranlassung, welche mich bewogen hat, nun auch mit meiner, in mancher Beziehung ähnlichen, aber durch ihre Begründung doch wesentlich verschiedenen Auffassung hervorzutreten, die ich mir seit vielen Jahren und ohne jede Beeinflussung von irgend welcher Seite gebildet habe.

des menschlichen Geistes, sie dienen als ein Mittel, um die Ver=
schiedenheit der Dinge leichter und schärfer aufzufassen. Durch den
rein logischen Aufbau der Zahlen=Wissenschaft und durch das in ihr
gewonnene stetige Zahlen=Reich sind wir erst in den Stand gesetzt,
unsere Vorstellungen von Raum und Zeit genau zu untersuchen,
indem wir dieselben auf dieses in unserem Geiste geschaffene Zahlen=
Reich beziehen *). Verfolgt man genau, was wir bei dem Zählen
der Menge oder Anzahl von Dingen thun, so wird man auf die
Betrachtung der Fähigkeit des Geistes geführt, Dinge auf Dinge zu
beziehen, einem Dinge ein Ding entsprechen zu lassen, oder ein Ding
durch ein Ding abzubilden, ohne welche Fähigkeit überhaupt kein
Denken möglich ist. Auf dieser einzigen, auch sonst ganz unentbehr=
lichen Grundlage muß nach meiner Ansicht, wie ich auch schon bei
einer Ankündigung der vorliegenden Schrift ausgesprochen habe **),
die gesammte Wissenschaft der Zahlen errichtet werden. Die Absicht
einer solchen Darstellung habe ich schon vor der Herausgabe meiner
Schrift über die Stetigkeit gefaßt, aber erst nach Erscheinen der=
selben, und mit vielen Unterbrechungen, die durch gesteigerte Amts=
geschäfte und andere nothwendige Arbeiten veranlaßt wurden, habe
ich in den Jahren 1872 bis 1878 auf wenigen Blättern einen
ersten Entwurf aufgeschrieben, welchen dann mehrere Mathematiker
eingesehen und theilweise mit mir besprochen haben. Er trägt den=
selben Titel und enthält, wenn auch nicht auf das Beste geordnet,
doch alle wesentlichen Grundgedanken meiner vorliegenden Schrift,
die nur deren sorgfältige Ausführung giebt; als solche Hauptpuncte
erwähne ich hier die scharfe Unterscheidung des Endlichen vom
Unendlichen (64), den Begriff der Anzahl von Dingen (161),
den Nachweis, daß die unter dem Namen der vollständigen Induc=

---

*) Vergl. §. 3 meiner Schrift: Stetigkeit und irrationale Zahlen
(Braunschweig, 1872).
**) Dirichlet's Vorlesungen über Zahlentheorie, dritte Auflage, 1879,
§. 163, Anmerkung auf S. 470.

tion (oder des Schlusses von *n* auf *n* + 1) bekannte Beweisart
wirklich beweiskräftig (59, 60, 80), und daß auch die Definition
durch Induction (oder Recursion) bestimmt und widerspruchsfrei
ist (126).

Diese Schrift kann Jeder verstehen, welcher Das besitzt, was
man den gesunden Menschenverstand nennt; philosophische oder
mathematische Schulkenntnisse sind dazu nicht im Geringsten erforderlich. Aber ich weiß sehr wohl, daß gar Mancher in den
schattenhaften Gestalten, die ich ihm vorführe, seine Zahlen, die ihn
als treue und vertraute Freunde durch das ganze Leben begleitet
haben, kaum wiedererkennen mag; er wird durch die lange, der
Beschaffenheit unseres Treppen-Verstandes entsprechende Reihe von
einfachen Schlüssen, durch die nüchterne Zergliederung der Gedanken-
reihen, auf denen die Gesetze der Zahlen beruhen, abgeschreckt und
ungeduldig darüber werden, Beweise für Wahrheiten verfolgen, zu
sollen, die ihm nach seiner vermeintlichen inneren Anschauung von
vornherein einleuchtend und gewiß erscheinen. Ich erblicke dagegen
gerade in der Möglichkeit, solche Wahrheiten auf andere, einfachere
zurückzuführen, mag die Reihe der Schlüsse noch so lang und schein-
bar künstlich sein, einen überzeugenden Beweis dafür, daß ihr Besitz
oder der Glaube an sie niemals unmittelbar durch innere Anschauung gegeben, sondern immer nur durch eine mehr oder weniger
vollständige Wiederholung der einzelnen Schlüsse erworben ist. Ich
möchte diese, der Schnelligkeit ihrer Ausführung wegen schwer zu
verfolgende Denkthätigkeit mit derjenigen vergleichen, welche ein vollkommen geübter Leser beim Lesen verrichtet; auch dieses Lesen bleibt
immer eine mehr oder weniger vollständige Wiederholung der einzelnen Schritte, welche der Anfänger bei dem mühseligen Buchstabiren
auszuführen hat; ein sehr kleiner Theil derselben, und deshalb eine
sehr kleine Arbeit oder Anstrengung des Geistes reicht aber für den
geübten Leser schon aus, um das richtige, wahre Wort zu erkennen,
freilich nur mit sehr großer Wahrscheinlichkeit; denn bekanntlich

begegnet es auch dem geübtesten Corrector von Zeit zu Zeit, einen Druckfehler stehen zu lassen, d. h. falsch zu lesen, was unmöglich wäre, wenn die zum Buchstabiren gehörige Gedankenkette vollständig wiederholt würde. So sind wir auch schon von unserer Geburt an beständig und in immer steigendem Maße veranlaßt, Dinge auf Dinge zu beziehen und damit diejenige Fähigkeit des Geistes zu üben, auf welcher auch die Schöpfung der Zahlen beruht; durch diese schon in unsere ersten Lebensjahre fallende unabläßige, wenn auch absichtslose Uebung und die damit verbundene Bildung von Urtheilen und Schlußreihen erwerben wir uns auch einen Schatz von eigentlich arithmetischen Wahrheiten, auf welche später unsere ersten Lehrer sich wie auf etwas Einfaches, Selbstverständliches, in der inneren Anschauung Gegebenes berufen, und so kommt es, daß manche, eigentlich sehr zusammengesetzte Begriffe (wie z. B. der der Anzahl von Dingen) fälschlich für einfach gelten. In diesem Sinne, den ich durch die, einem bekannten Spruche nachgebildeten Worte ἀεὶ ὁ ἄνθρωπος ἀριθμητίζει bezeichne, mögen die folgenden Blätter als ein Versuch, die Wissenschaft der Zahlen auf einheit= licher Grundlage zu errichten, wohlwollende Aufnahme finden, und mögen sie andere Mathematiker dazu anregen, die langen Reihen von Schlüssen auf ein bescheideneres, angenehmeres Maß zurückzu= führen.

Dem Zwecke dieser Schrift gemäß beschränke ich mich auf die Betrachtung der Reihe der sogenannten natürlichen Zahlen. In welcher Art später die schrittweise Erweiterung des Zahlbegriffes, die Schöpfung der Null, der negativen, gebrochenen, irrationalen und complexen Zahlen stets durch Zurückführung auf die früheren Begriffe herzustellen ist, und zwar ohne jede Einmischung fremd= artiger Vorstellungen (wie z. B. der der meßbaren Größen), die nach meiner Auffassung erst durch die Zahlen=Wissenschaft zu voll= ständiger Klarheit erhoben werden können, das habe ich wenigstens an dem Beispiele der irrationalen Zahlen in meiner früheren Schrift

über die Stetigkeit (1872) gezeigt; in ganz ähnlicher Weise laſſen
ſich, wie ich daſelbſt (§. 3) auch ſchon ausgeſprochen habe, die
anderen Erweiterungen leicht behandeln, und ich behalte mir vor,
dieſem Gegenſtande eine zuſammenhängende Darſtellung zu widmen.
Gerade bei dieſer Auffaſſung erſcheint es als etwas Selbſtverſtänd=
liches und durchaus nicht Neues, daß jeder, auch noch ſo fern
liegende Satz der Algebra und höheren Analyſis ſich als ein Satz
über die natürlichen Zahlen ausſprechen läßt, eine Behauptung, die
ich auch wiederholt aus dem Munde von Dirichlet gehört habe.
Aber ich erblicke keineswegs etwas Verdienſtliches darin — und das
lag auch Dirichlet gänzlich fern —, dieſe mühſelige Umſchreibung
wirklich vornehmen und keine anderen, als die natürlichen Zahlen
benutzen und anerkennen zu wollen. Im Gegentheil, die größten
und fruchtbarſten Fortſchritte in der Mathematik und anderen
Wiſſenſchaften ſind vorzugsweiſe durch die Schöpfung und Ein=
führung neuer Begriffe gemacht, nachdem die häufige Wiederkehr
zuſammengeſetzter Erſcheinungen, welche von den alten Begriffen
nur mühſelig beherrſcht werden, dazu gedrängt hat. Ueber dieſen
Gegenſtand habe ich im Sommer 1854 bei Gelegenheit meiner
Habilitation als Privatdocent zu Göttingen einen Vortrag vor der
philoſophiſchen Facultät zu halten gehabt, deſſen Abſicht auch von
Gauß gebilligt wurde; doch iſt hier nicht der Ort, näher darauf
einzugehen.

Ich benutze ſtatt deſſen die Gelegenheit, noch einige Bemer=
kungen zu machen, die ſich auf meine frühere, oben erwähnte Schrift
über Stetigkeit und irrationale Zahlen beziehen. Die in ihr vor=
getragene, im Herbſte 1858 erdachte Theorie der irrationalen Zahlen
gründet ſich auf diejenige, im Gebiete der rationalen Zahlen auf=
tretende Erſcheinung (§. 4), die ich mit dem Namen eines Schnittes
belegt und zuerſt genau erforſcht habe, und ſie gipfelt in dem Be=
weiſe der Stetigkeit des neuen Gebietes der reellen Zahlen (§. 5. IV).
Sie ſcheint mir etwas einfacher, ich möchte ſagen ruhiger, zu ſein,

als die beiden von ihr und von einander verschiedenen Theorien, welche von den Herren Weierstraß und G. Cantor aufgestellt sind und ebenfalls vollkommene Strenge besitzen. Sie ist später ohne wesentliche Aenderung von Herrn U. Dini in die Fondamenti per la teorica delle funzioni di variabili reali (Pisa, 1878) auf= genommen; aber der Umstand, daß mein Name im Laufe dieser Darstellung nicht bei der Beschreibung der rein arithmetischen Er= scheinung des Schnittes, sondern zufällig gerade da erwähnt wird, wo es sich um die Existenz einer dem Schnitte entsprechenden meß= baren Größe handelt, könnte leicht zu der Vermuthung führen, daß meine Theorie sich auf die Betrachtung solcher Größen stützte. Nichts könnte unrichtiger sein; vielmehr habe ich im §. 3 meiner Schrift verschiedene Gründe angeführt, weshalb ich die Einmischung der meßbaren Größen gänzlich verwerfe, und namentlich am Schlusse hinsichtlich deren Existenz bemerkt, daß für einen großen Theil der Wissenschaft vom Raume die Stetigkeit seiner Gebilde gar nicht einmal eine nothwendige Voraussetzung ist, ganz abgesehen davon, daß sie in den Werken über Geometrie zwar wohl dem Namen nach beiläufig erwähnt, aber niemals deutlich erklärt, also auch nicht für Beweise zugänglich gemacht wird. Um dies noch näher zu erläutern, bemerke ich beispielsweise Folgendes. Wählt man drei nicht in einer Geraden liegende Puncte A, B, C nach Belieben, nur mit der Beschränkung, daß die Verhältnisse ihrer Entfernungen $A\,B$, $A\,C$, $B\,C$ algebraische*) Zahlen sind, und sieht man im Raume nur diejenigen Puncte M als vorhanden an, für welche die Ver= hältnisse von $A\,M$, $B\,M$, $C\,M$ zu $A\,B$ ebenfalls algebraische Zahlen sind, so ist der aus diesen Puncten M bestehende Raum, wie leicht zu sehen, überall unstetig; aber trotz der Unstetigkeit, Lückenhaftigkeit dieses Raumes sind in ihm, so viel ich sehe, alle

---

*) Dirichlet's Vorlesungen über Zahlentheorie, §. 159 der zweiten, §. 160 der dritten Auflage.

Constructionen, welche in Euklid's Elementen auftreten, genau ebenso ausführbar, wie in dem vollkommen stetigen Raume; die Unstetigkeit dieses Raumes würde daher in Euklid's Wissenschaft gar nicht bemerkt, gar nicht empfunden werden. Wenn mir aber Jemand sagt, wir könnten uns den Raum gar nicht anders als stetig denken, so möchte ich das bezweifeln und darauf aufmerksam machen, eine wie weit vorgeschrittene, feine wissenschaftliche Bildung erforderlich ist, um nur das Wesen der Stetigkeit deutlich zu erkennen und um zu begreifen, daß außer den rationalen Größen-Verhältnissen auch irrationale, außer den algebraischen auch transcendente denkbar sind. Um so schöner erscheint es mir, daß der Mensch ohne jede Vorstellung von meßbaren Größen, und zwar durch ein endliches System einfacher Denkschritte sich zur Schöpfung des reinen, stetigen Zahlenreiches aufschwingen kann; und erst mit diesem Hülfsmittel wird es ihm nach meiner Ansicht möglich, die Vorstellung vom stetigen Raume zu einer deutlichen auszubilden.

Dieselbe, auf die Erscheinung des Schnittes gegründete Theorie der irrationalen Zahlen findet man auch dargestellt in der Introduction à la théorie des fonctions d'une variable von J. Tannery (Paris, 1886). Wenn ich eine Stelle der Vorrede dieses Werkes richtig verstehe, so hat der Herr Verfasser diese Theorie selbständig, also zu einer Zeit erdacht, wo ihm nicht nur meine Schrift, sondern auch die in derselben Vorrede erwähnten Fondamenti von Dini noch unbekannt waren; diese Uebereinstimmung scheint mir ein erfreulicher Beweis dafür zu sein, daß meine Auffassung der Natur der Sache entspricht, was auch von anderen Mathematikern, z. B. von Herrn M. Pasch in seiner Einleitung in die Differential- und Integralrechnung (Leipzig, 1883) anerkannt ist. Dagegen kann ich Herrn Tannery nicht ohne Weiteres beistimmen, wenn er diese Theorie die Entwickelung eines von Herrn J. Bertrand herrührenden Gedankens nennt, welcher in dessen

Traité d'arithmétique enthalten sei und darin bestehe, eine irra=
tionale Zahl zu definiren durch Angabe aller rationalen Zahlen,
die kleiner, und aller derjenigen, die größer sind als die zu defini=
rende Zahl. Zu diesem Ausspruch, der von Herrn O. Stolz —
wie es scheint, ohne nähere Prüfung — in der Vorrede zum zweiten
Theile seiner Vorlesungen über allgemeine Arithmetik (Leipzig, 1886)
wiederholt ist, erlaube ich mir Folgendes zu bemerken. Daß eine
irrationale Zahl durch die eben beschriebene Angabe in der That
als vollständig bestimmt anzusehen ist, diese Ueberzeugung ist ohne
Zweifel auch vor Herrn Bertrand immer Gemeingut aller Mathe=
matiker gewesen, die sich mit dem Begriffe des Irrationalen be=
schäftigt haben; jedem Rechner, der eine irrationale Wurzel einer
Gleichung näherungsweise berechnet, schwebt gerade diese Art ihrer
Bestimmung vor; und wenn man, wie es Herr Bertrand in seinem
Werke ausschließlich thut (mir liegt die achte Auflage aus dem Jahre
1885 vor), die irrationale Zahl als Verhältniß meßbarer Größen
auffaßt, so ist diese Art ihrer Bestimmtheit schon auf das Deutlichste
in der berühmten Definition ausgesprochen, welche Euklid (Elemente
V. 5) für die Gleichheit der Verhältnisse aufstellt. Eben diese
uralte Ueberzeugung ist nun gewiß die Quelle meiner Theorie, wie
derjenigen des Herrn Bertrand und mancher anderen, mehr oder
weniger durchgeführten Versuche gewesen, die Einführung der irra=
tionalen Zahlen in die Arithmetik zu begründen. Aber wenn man
Herrn Tannery soweit vollständig beistimmen wird, so muß man
bei einer wirklichen Prüfung doch sofort bemerken, daß die Dar=
stellung des Herrn Bertrand, in der die Erscheinung des Schnittes
in ihrer logischen Reinheit gar nicht einmal erwähnt wird, mit der
meinigen durchaus keine Aehnlichkeit hat, insofern sie sogleich ihre
Zuflucht zu der Existenz einer meßbaren Größe nimmt, was ich
aus den oben besprochenen Gründen gänzlich verwerfe; und ab=
gesehen von diesem Umstande scheint mir diese Darstellung auch in
den nachfolgenden, auf die Annahme dieser Existenz gegründeten

Definitionen und Beweisen noch einige so wesentliche Lücken darzubieten, daß ich die in meiner Schrift (§. 6) ausgesprochene Behauptung, der Satz $\sqrt{2}.\sqrt{3} = \sqrt{6}$ sei noch nirgends streng bewiesen, auch in Hinsicht auf dieses, in mancher anderen Beziehung treffliche Werk, welches ich damals noch nicht kannte, für gerechtfertigt halte.

Harzburg, 5. October 1887.

R. Dedekind.

Vorwort zur zweiten Auflage.

Die vorliegende Schrift hat bald nach ihrem Erscheinen neben günstigen auch ungünstige Beurtheilungen gefunden, ja es sind ihr arge Fehler vorgeworfen. Ich habe mich von der Richtigkeit dieser Vorwürfe nicht überzeugen können und lasse jetzt die seit Kurzem vergriffene Schrift, zu deren öffentlicher Vertheidigung es mir an Zeit fehlt, ohne jede Aenderung wieder abdrucken, indem ich nur folgende Bemerkungen dem ersten Vorworte hinzufüge.

Die Eigenschaft, welche ich als Definition (64) des unendlichen Systems benutzt habe, ist schon vor dem Erscheinen meiner Schrift von G. Cantor (Ein Beitrag zur Mannigfaltigkeitslehre, Crelle's Journal, Bd. 84; 1878), ja sogar schon von Bolzano (Paradoxien des Unendlichen §. 20; 1851) hervorgehoben. Aber keiner der genannten Schriftsteller hat den Versuch gemacht, diese Eigenschaft zur Definition des Unendlichen zu erheben und auf dieser Grundlage die Wissenschaft von den Zahlen streng logisch aufzubauen, und gerade hierin besteht der Inhalt meiner mühsamen Arbeit, die ich in allem Wesentlichen schon mehrere Jahre vor dem Erscheinen der Abhandlung von G. Cantor und zu einer Zeit vollendet hatte, als mir das Werk von Bolzano selbst dem Namen nach gänzlich unbekannt war. Für Diejenigen, welche Interesse und Verständniß für die Schwierigkeiten einer solchen Untersuchung haben, bemerke ich noch Folgendes. Man kann eine ganz andere Definition des Endlichen und Unendlichen aufstellen, welche insofern noch einfacher erscheint, als bei ihr nicht einmal der Begriff der Aehnlichkeit einer Abbildung (26) vorausgesetzt wird, nämlich:

„Ein System S heißt endlich, wenn es sich so in sich selbst abbilden läßt (36), daß kein echter Theil (6) von S in sich selbst abgebildet wird; im entgegengesetzten Falle heißt S ein unendliches System."

Nun mache man einmal den Versuch, auf dieser neuen Grund= lage das Gebäude zu errichten! Man wird alsbald auf große Schwierigkeiten stoßen, und ich glaube behaupten zu dürfen, daß selbst der Nachweis der vollständigen Uebereinstimmung dieser Defi= nition mit der früheren nur dann (und dann auch leicht) gelingt, wenn man die Reihe der natürlichen Zahlen schon als entwickelt ansehen und auch die Schlußbetrachtung in (131) zu Hülfe nehmen darf; und doch ist von allen diesen Dingen weder in der einen noch in der anderen Definition die Rede! Man wird dabei erkennen, wie sehr groß die Anzahl der Gedankenschritte ist, die zu einer solchen Umformung einer Definition erforderlich sind.

Etwa ein Jahr nach der Herausgabe meiner Schrift habe ich die schon im Jahre 1884 erschienenen Grundlagen der Arithmetik von G. Frege kennen gelernt. Wie verschieden die in diesem Werke niedergelegte Ansicht über das Wesen der Zahl von der meinigen auch sein mag, so enthält es, namentlich von §. 79 an, doch auch sehr nahe Berührungspuncte mit meiner Schrift, insbesondere mit meiner Erklärung (44). Freilich ist die Uebereinstimmung wegen der abweichenden Ausdrucksweise nicht leicht zu erkennen; aber schon die Bestimmtheit, mit welcher der Verfasser sich über die Schluß= weise von n auf $n+1$ ausspricht (unten auf S. 93), zeigt deut= lich, daß er hier auf demselben Boden mit mir steht.

Inzwischen sind (1890—1891) die Vorlesungen über die Algebra der Logik von E. Schröder fast vollständig erschienen.

Auf die Bedeutung dieses höchst anregenden Werkes, dem ich meine größte Anerkennung zolle, hier näher einzugehen ist unmöglich; vielmehr möchte ich mich nur entschuldigen, daß ich trotz der auf S. 253 des ersten Theiles gemachten Bemerkung meine etwas schwerfälligen Bezeichnungen (8) und (17) doch beibehalten habe; dieselben machen keinen Anspruch darauf, allgemein angenommen zu werden, sondern bescheiden sich, lediglich den Zwecken dieser arithmetischen Schrift zu dienen, wozu sie nach meiner Ansicht besser geeignet sind, als Summen= und Productzeichen.

Harzburg, 24. August 1893.

R. Dedekind.

Inhalt.

			Seite
Vorwort	. . . .	VII — XVIII
§. 1.	Systeme von Elementen	. . . .	1
§. 2.	Abbildung eines Systems	. . . .	6
§. 3.	Aehnlichkeit einer Abbildung. Aehnliche Systeme	. . . .	8
§. 4.	Abbildung eines Systems in sich selbst	. . . .	11
§. 5.	Das Endliche und Unendliche	. . . .	17
§. 6.	Einfach unendliche Systeme. Reihe der natürlichen Zahlen	. . .	20
§. 7.	Größere und kleinere Zahlen	. . . .	22
§. 8.	Endliche und unendliche Theile der Zahlenreihe	. . . . . .	31
§. 9.	Definition einer Abbildung der Zahlenreihe durch Induction	. .	33
§. 10.	Die Classe der einfach unendlichen Systeme	. . . .	40
§. 11.	Addition der Zahlen	. . . .	43
§. 12.	Multiplication der Zahlen	. . . .	47
§. 13.	Potenzirung der Zahlen	. . . .	49
§. 14.	Anzahl der Elemente eines endlichen Systems	. . . .	51

§. 1.

Syſteme von Elementen.

1. Im Folgenden verſtehe ich unter einem Ding jeden Gegenſtand unſeres Denkens. Um bequem von den Dingen ſprechen zu können, bezeichnet man ſie durch Zeichen, z. B. durch Buchſtaben, und man erlaubt ſich, kurz von dem Ding a oder gar von a zu ſprechen, wo man in Wahrheit das durch a bezeichnete Ding, keines= wegs den Buchſtaben a ſelbſt meint. Ein Ding iſt vollſtändig be= ſtimmt durch alles Das, was von ihm ausgeſagt oder gedacht werden kann. Ein Ding a iſt daſſelbe wie b (identiſch mit b), und b daſſelbe wie a, wenn Alles, was von a gedacht werden kann, auch von b, und wenn Alles, was von b gilt, auch von a gedacht werden kann. Daß a und b nur Zeichen oder Namen für ein und das= ſelbe Ding ſind, wird durch das Zeichen $a = b$, und ebenſo durch $b = a$ angedeutet. Iſt außerdem $b = c$, iſt alſo c ebenfalls wie a, ein Zeichen für das mit b bezeichnete Ding, ſo iſt auch $a = c$. Iſt die obige Uebereinſtimmung des durch a bezeichneten Dinges mit dem durch b bezeichneten Dinge nicht vorhanden, ſo heißen dieſe Dinge a, b verſchieden, a iſt ein anderes Ding wie b, b ein anderes Ding wie a; es giebt irgend eine Eigenſchaft, die dem einen zukommt, dem anderen nicht zukommt.

2. Es kommt ſehr häufig vor, daß verſchiedene Dinge $a, b, c \ldots$ aus irgend einer Veranlaſſung unter einem gemeinſamen Geſichts=

puncte aufgefaßt, im Geiste zusammengestellt werden, und man sagt dann, daß sie ein System S bilden; man nennt die Dinge $a, b, c \ldots$ die Elemente des Systems S, sie sind enthalten in S; umgekehrt besteht S aus diesen Elementen. Ein solches System S (oder ein Inbegriff, eine Mannigfaltigkeit, eine Gesammt=heit) ist als Gegenstand unseres Denkens ebenfalls ein Ding (1); es ist vollständig bestimmt, wenn von jedem Ding bestimmt ist, ob es Element von S ist oder nicht*). Das System S ist daher das=selbe wie das System T, in Zeichen $S = T$, wenn jedes Element von S auch Element von T, und jedes Element von T auch Element von S ist. Für die Gleichförmigkeit der Ausdrucksweise ist es vor=theilhaft, auch den besonderen Fall zuzulassen, daß ein System S aus einem einzigen (aus einem und nur einem) Element a besteht, d. h. daß das Ding a Element von S, aber jedes von a ver=schiedene Ding kein Element von S ist. Dagegen wollen wir das leere System, welches gar kein Element enthält, aus gewissen Gründen hier ganz ausschließen, obwohl es für andere Untersuchungen bequem sein kann, ein solches zu erdichten.

3. Erklärung. Ein System A heißt Theil eines Systems S, wenn jedes Element von A auch Element von S ist. Da diese Beziehung zwischen einem System A und einem System S im Folgenden immer wieder zur Sprache kommen wird, so wollen wir dieselbe zur Abkürzung durch das Zeichen $A \mathbin{3} S$ ausdrücken. Das

---

*) Auf welche Weise diese Bestimmtheit zu Stande kommt, und ob wir einen Weg kennen, um hierüber zu entscheiden, ist für alles Folgende gänzlich gleichgültig; die zu entwickelnden allgemeinen Gesetze hängen davon gar nicht ab, sie gelten unter allen Umständen. Ich erwähne dies ausdrücklich, weil Herr Kronecker vor Kurzem (im Band 99 des Journals für Mathematik, S. 334 bis 336) der freien Begriffsbildung in der Mathematik gewisse Be=schränkungen hat auferlegen wollen, die ich nicht als berechtigt anerkenne; näher hierauf einzugehen erscheint aber erst dann geboten, wenn der aus=gezeichnete Mathematiker seine Gründe für die Nothwendigkeit oder auch nur die Zweckmäßigkeit dieser Beschränkungen veröffentlicht haben wird.

umgekehrte Zeichen $S \varepsilon A$, wodurch dieselbe Thatsache bezeichnet werden könnte, werde ich der Deutlichkeit und Einfachheit halber gänzlich vermeiden, aber ich werde in Ermangelung eines besseren Wortes bisweilen sagen, daß S Ganzes von A ist, wodurch also ausgedrückt werden soll, daß unter den Elementen von S sich auch alle Elemente von A befinden. Da ferner jedes Element s eines Systems S nach 2 selbst als System aufgefaßt werden kann, so können wir auch hierauf die Bezeichnung $s \, 3 \, S$ anwenden.

    4. Satz. Zufolge 3 ist $A \, 3 \, A$.

    5. Satz. Ist $A \, 3 \, B$ und $B \, 3 \, A$, so ist $A = B$.

Der Beweis folgt aus 3, 2.

    6. Erklärung. Ein System A heißt echter Theil von S, wenn A Theil von S, aber verschieden von S ist. Nach 5 ist dann S kein Theil von A, d. h. (3) es giebt in S ein Element, welches kein Element von A ist.

    7. Satz. Ist $A \, 3 \, B$, und $B \, 3 \, C$, was auch kurz durch $A \, 3 \, B \, 3 \, C$ bezeichnet werden kann, so ist $A \, 3 \, C$, und zwar ist A gewiß echter Theil von C, wenn A echter Theil von B, oder wenn B echter Theil von C ist.

Der Beweis folgt aus 3, 6.

    8. Erklärung. Unter dem aus irgend welchen Systemen A, B, C... zusammengesetzten System, welches mit $\mathfrak{M} \, (A, B, C...)$ bezeichnet werden soll, wird dasjenige System verstanden, dessen Elemente durch folgende Vorschrift bestimmt werden: ein Ding gilt dann und nur dann als Element von $\mathfrak{M} \, (A, B, C...)$, wenn es Element von irgend einem der Systeme A, B, C..., d. h. Element von A oder B oder C... ist. Wir lassen auch den Fall zu, daß nur ein einziges System A vorliegt; dann ist offenbar $\mathfrak{M} \, (A) = A$. Wir bemerken ferner, daß das aus A, B, C... zusammengesetzte System $\mathfrak{M} \, (A, B, C...)$ wohl zu unterscheiden ist von demjenigen System, dessen Elemente die Systeme A, B, C... selbst sind.

9. Satz. Die Systeme $A, B, C\ldots$ sind Theile von
$$\mathfrak{M}\ (A, B, C\ldots).$$
Der Beweis folgt aus 8, 3.

10. Satz. Sind $A, B, C\ldots$ Theile eines Systems S, so ist $\mathfrak{M}\ (A, B, C\ldots)\,3\,S$.
Der Beweis folgt aus 8, 3.

11. Satz. Ist P Theil von einem der Systeme $A, B, C\ldots$, so ist $P\,3\,\mathfrak{M}\ (A, B, C\ldots)$.
Der Beweis folgt aus 9, 7.

12. Satz. Ist jedes der Systeme $P, Q\ldots$ Theil von einem der Systeme $A, B, C\ldots$, so ist $\mathfrak{M}\ (P, Q\ldots)\,3\,\mathfrak{M}\ (A, B, C\ldots)$.
Der Beweis folgt aus 11, 10.

13. Satz. Ist A zusammengesetzt aus irgend welchen der Systeme $P, Q\ldots$, so ist $A\,3\,\mathfrak{M}\ (P, Q\ldots)$.
Beweis. Denn jedes Element von A ist nach 8 Element von einem der Systeme $P, Q\ldots$, folglich nach 8 auch Element von $\mathfrak{M}\ (P, Q\ldots)$, woraus nach 3 der Satz folgt:

14. Satz. Ist jedes der Systeme $A, B, C\ldots$ zusammengesetzt aus irgend welchen der Systeme $P, Q\ldots$, so ist
$$\mathfrak{M}\ (A, B, C\ldots)\,3\,\mathfrak{M}\ (P, Q\ldots).$$
Der Beweis folgt aus 13, 10.

15. Satz. Ist jedes der Systeme $P, Q\ldots$ Theil von einem der Systeme $A, B, C\ldots$, und ist jedes der letzteren zusammengesetzt aus irgend welchen der ersteren, so ist
$$\mathfrak{M}\ (P, Q\ldots) = \mathfrak{M}\ (A, B, C\ldots).$$
Der Beweis folgt aus 12, 14, 5.

16. Satz. Ist $A = \mathfrak{M}\ (P, Q)$, und $B = \mathfrak{M}\ (Q, R)$, so ist $\mathfrak{M}\ (A, R) = \mathfrak{M}\ (P, B)$.
Beweis. Denn nach dem vorhergehenden Satze 15 ist sowohl $\mathfrak{M}\ (A, R)$ als $\mathfrak{M}\ (P, B) = \mathfrak{M}\ (P, Q, R)$.

17. Erklärung. Ein Ding g heißt gemeinsames Element der Systeme $A, B, C\ldots$, wenn es in jedem dieser Systeme (also

46. Satz. Es ist $(A_o)' \mathbin{3} A_o$.

Beweis. Denn nach 44 ist A_o eine Kette (37).

47. Satz. Ist A Theil einer Kette K, so ist auch $A_o \mathbin{3} K$.

Beweis. Denn A_o ist die Gemeinheit und folglich auch ein Gemeintheil aller der Ketten K, von denen A Theil ist.

48. Bemerkung. Man überzeugt sich leicht, daß der in 44 erklärte Begriff der Kette A_o durch die vorstehenden Sätze 45, 46, 47 vollständig charakterisirt ist.

49. Satz. Es ist $A' \mathbin{3} (A_o)'$.

Der Beweis folgt aus 45, 22.

50. Satz. Es ist $A' \mathbin{3} A_o$.

Der Beweis folgt aus 49, 46, 7.

51. Satz. Ist A eine Kette, so ist $A_o = A$.

Beweis. Da A Theil der Kette A ist, so ist nach 47 auch $A_o \mathbin{3} A$, woraus nach 45, 5 der Satz folgt.

52. Satz. Ist $B \mathbin{3} A$, so ist $B \mathbin{3} A_o$.

Der Beweis folgt aus 45, 7.

53. Satz. Ist $B \mathbin{3} A_o$, so ist $B_o \mathbin{3} A_o$, und umgekehrt.

Beweis. Weil A_o eine Kette ist, so folgt nach 47 aus $B \mathbin{3} A_o$ auch $B_o \mathbin{3} A_o$; umgekehrt, wenn $B_o \mathbin{3} A_o$, so folgt nach 7 auch $B \mathbin{3} A_o$, weil (nach 45) $B \mathbin{3} B_o$ ist.

54. Satz. Ist $B \mathbin{3} A$, so ist $B_o \mathbin{3} A_o$.

Der Beweis folgt aus 52, 53.

55. Satz. Ist $B \mathbin{3} A_o$, so ist auch $B' \mathbin{3} A_o$.

Beweis. Denn nach 53 ist $B_o \mathbin{3} A_o$, und da (nach 50) $B' \mathbin{3} B_o$ ist, so folgt der zu beweisende Satz aus 7. Dasselbe ergiebt sich, wie leicht zu sehen, auch aus 22, 46, 7, oder auch aus 40.

56. Satz. Ist $B \mathbin{3} A_o$, so ist $(B_o)' \mathbin{3} (A_o)'$.

Der Beweis folgt aus 53, 22.

57. Satz und Erklärung. Es ist $(A_o)' = (A')_o$, d. h. das Bild der Kette von A ist zugleich die Kette des Bildes von A. Man kann daher dieses System kurz durch A'_o bezeichnen und nach

Belieben das Kettenbild oder die Bildkette von A nennen. Nach der deutlicheren in 44 angegebenen Bezeichnung würde der Satz durch $\varphi(\varphi_o(A)) = \varphi_o(\varphi(A))$ auszudrücken sein.

Beweis. Setzt man zur Abkürzung $(A')_o = L$, so ist L eine Kette (44), und nach 45 ist $A'\,3\,L$, mithin giebt es nach 41 eine Kette K, welche den Bedingungen $A\,3\,K$, $K'\,3\,L$ genügt; hieraus folgt nach 47 auch $A_o\,3\,K$, also $(A_o)'\,3\,K'$, und folglich nach 7 auch $(A_o)'\,3\,L$, d. h.

$$(A_o)'\,3\,(A')_o.$$

Da nach 49 ferner $A'\,3\,(A_o)'$, und $(A_o)'$ nach 44, 39 eine Kette ist, so ist nach 47 auch

$$(A')_o\,3\,(A_o)',$$

woraus in Verbindung mit dem obigen Ergebniß der zu beweisende Satz folgt (5).

58. Satz. Es ist $A_o = \mathfrak{M}(A, A_o')$, d. h. die Kette von A ist zusammengesetzt aus A und der Bildkette von A.

Beweis. Setzt man zur Abkürzung wieder

$$L = A_o' = (A_o)' = (A')_o \text{ und } K = \mathfrak{M}(A, L),$$

so ist (nach 45) $A'\,3\,L$, und da L eine Kette ist, so gilt nach 41 dasselbe von K; da ferner $A\,3\,K$ ist (9), so folgt nach 47 auch

$$A_o\,3\,K.$$

Andererseits, da (nach 45) $A\,3\,A_o$, und nach 46 auch $L\,3\,A_o$, so ist nach 10 auch

$$K\,3\,A_o,$$

woraus in Verbindung mit dem obigen Ergebniß der zu beweisende Satz $A_o = K$ folgt (5).

59. Satz der vollständigen Induction. Um zu beweisen, daß die Kette A_o Theil irgend eines Systems Σ ist — mag letzteres Theil von S sein oder nicht —, genügt es zu zeigen,

ϱ. daß $A\,3\,\Sigma$, und

σ. daß das Bild jedes gemeinsamen Elementes von A_o und Σ ebenfalls Element von Σ ist.

Beweis. Denn wenn ϱ wahr ist, so existirt nach 45 jedenfalls die Gemeinheit $G = \mathfrak{G}(A_o, \Sigma)$, und zwar ist (nach 18) $A \, 3 \, G$; da außerdem nach 17

$$G \, 3 \, A_o$$

ist, so ist G auch Theil unseres Systems S, welches durch φ in sich selbst abgebildet ist, und zugleich folgt nach 55 auch $G' \, 3 \, A_o$. Wenn nun σ ebenfalls wahr, d. h. wenn $G' \, 3 \, \Sigma$ ist, so muß G' als Gemeintheil der Systeme A_o, Σ nach 18 Theil ihrer Gemein= heit G sein, d. h. G ist eine Kette (37), und da, wie schon oben bemerkt, $A \, 3 \, G$ ist, so folgt nach 47 auch

$$A_o \, 3 \, G,$$

und hieraus in Verbindung mit dem obigen Ergebniß $G = A_o$, also nach 17 auch $A_o \, 3 \, \Sigma$, w. z. b. w.

50. Der vorstehende Satz bildet, wie sich später zeigen wird, die wissenschaftliche Grundlage für die unter dem Namen der voll= ständigen Induction (des Schlusses von n auf $n + 1$) bekannte Beweisart, und er kann auch auf folgende Weise ausgesprochen werden: Um zu beweisen, daß alle Elemente der Kette A_o eine gewisse Eigenschaft $\mathfrak{E}$ besitzen (oder daß ein Satz $\mathfrak{S}$, in welchem von einem unbestimmten Dinge n die Rede ist, wirklich für alle Elemente n der Kette A_o gilt), genügt es zu zeigen,

ϱ. daß alle Elemente a des Systems A die Eigenschaft $\mathfrak{E}$ besitzen (oder daß $\mathfrak{S}$ für alle a gilt), und

σ. daß dem Bilde n' jedes solchen Elementes n von A_o, welches die Eigenschaft $\mathfrak{E}$ besitzt, dieselbe Eigenschaft $\mathfrak{E}$ zukommt (oder daß der Satz $\mathfrak{S}$, sobald er für ein Element n von A_o gilt, gewiß auch für dessen Bild n' gelten muß).

In der That, bezeichnet man mit Σ das System aller Dinge, welche die Eigenschaft $\mathfrak{E}$ besitzen (oder für welche der Satz $\mathfrak{S}$ gilt), so leuchtet die vollständige Uebereinstimmung der jetzigen Ausdrucks= weise des Satzes mit der in 59 gebrauchten unmittelbar ein.

61. Satz. Die Kette von $\mathfrak{M}(A, B, C \ldots)$ ist $\mathfrak{M}(A_o, B_o, C_o \ldots)$.

Beweis. Bezeichnet man mit M das erstere, mit K das letztere System, so ist K nach 42 eine Kette. Da nun jedes der Systeme $A, B, C \ldots$ nach 45 Theil von einem der Systeme $A_o, B_o, C_o \ldots$, mithin (nach 12) $M \, 3 \, K$ ist, so folgt nach 47 auch

$$M_o \, 3 \, K.$$

Andererseits, da nach 9 jedes der Systeme $A, B, C \ldots$ Theil von M, also nach 45, 7 auch Theil der Kette M_o ist, so muß nach 47 auch jedes der Systeme $A_o, B_o, C_o \ldots$ Theil von M_o, mithin nach 10

$$K \, 3 \, M_o$$

sein, woraus in Verbindung mit dem Obigen der zu beweisende $M_o = K$ folgt (5).

62. Satz. Die Kette von $\mathfrak{G} (A, B, C \ldots)$ ist Theil von $\mathfrak{G} (A_o, B_o, C_o \ldots)$.

Beweis. Bezeichnet man mit G das erstere, mit K das letztere System, so ist K nach 43 eine Kette. Da nun jedes der Systeme $A_o, B_o, C_o \ldots$ nach 45 Ganzes von einem der Systeme $A, B, C \ldots$, mithin (nach 20) $G \, 3 \, K$ ist, so folgt aus 47 der zu beweisende Satz $G_o \, 3 \, K$.

63. Satz. Ist $K' \, 3 \, L \, 3 \, K$, also K eine Kette, so ist auch L eine Kette. Ist dieselbe echter Theil von K, und U das System aller derjenigen Elemente von K, die nicht in L enthalten sind, ist ferner die Kette U_o echter Theil von K, und V das System aller derjenigen Elemente von K, die nicht in U_o enthalten sind, so ist $K = \mathfrak{M} (U_o, V)$ und $L = \mathfrak{M} (U_o', V)$. Ist endlich $L = K'$, so ist $V \, 3 \, V'$.

Der Beweis dieses Satzes, von dem wir (wie von den beiden vorhergehenden) keinen Gebrauch machen werden, möge dem Leser überlassen bleiben.

§. 5.

Das Endliche und Unendliche.

64. **Erklärung*).** Ein System S heißt u n e n d l i ch, wenn es einem echten Theile seiner selbst ähnlich ist (32); im entgegengesetzten Falle heißt S ein e n d l i ch e s System.

65. **Satz.** Jedes aus einem einzigen Elemente bestehende System ist endlich.

Beweis. Denn ein solches System besitzt gar keinen echten Theil (2, 6).

66. **Satz.** Es giebt unendliche Systeme.

Beweis**). Meine Gedankenwelt, d. h. die Gesammtheit S aller Dinge, welche Gegenstand meines Denkens sein können, ist unendlich. Denn wenn s ein Element von S bedeutet, so ist der Gedanke s', daß s Gegenstand meines Denkens sein kann, selbst ein Element von S. Sieht man dasselbe als Bild $\varphi(s)$ des Elementes s an, so hat daher die hierdurch bestimmte Abbildung φ von S die Eigenschaft, daß das Bild S' Theil von S ist; und zwar ist S' echter Theil von S, weil es in S Elemente giebt (z. B. mein eigenes Ich), welche von jedem solchen Gedanken s' verschieden und deshalb nicht in S' enthalten sind. Endlich leuchtet ein, daß, wenn

---

*) Will man den Begriff ähnlicher Systeme (32) nicht benutzen, so muß man sagen: S heißt unendlich, wenn es einen echten Theil von S giebt (6), in welchem S sich deutlich (ähnlich) abbilden läßt (26, 36). In dieser Form habe ich die Definition des Unendlichen, welche den Kern meiner ganzen Untersuchung bildet, im September 1882 Herrn G. Cantor, und schon mehrere Jahre früher auch den Herren Schwarz und Weber mitgetheilt. Alle anderen mir bekannten Versuche, das Unendliche vom Endlichen zu unterscheiden, scheinen mir so wenig gelungen zu sein, daß ich auf eine Kritik derselben verzichten zu dürfen glaube.

**) Eine ähnliche Betrachtung findet sich in §. 13 der Paradoxien des Unendlichen von Bolzano (Leipzig, 1851).

a, b verſchiedene Elemente von S ſind, auch ihre Bilder a', b' ver=
ſchieden ſind, daß alſo die Abbildung φ eine deutliche (ähnliche)
iſt (26). Mithin iſt S unendlich, w. z. b. w.

67. **Satz.** Sind R, S ähnliche Syſteme, ſo iſt R endlich
oder unendlich, je nachdem S endlich oder unendlich iſt.

Beweis. Iſt S unendlich, alſo ähnlich einem echten Theile S'
ſeiner ſelbſt, ſo muß, wenn R und S ähnlich ſind, S' nach 33
ähnlich mit R und nach 35 zugleich ähnlich mit einem echten
Theile von R ſein, welcher mithin nach 33 ſelbſt ähnlich mit R
iſt; alſo iſt R unendlich, w. z. b. w.

68. **Satz.** Jedes Syſtem S, welches einen unendlichen Theil
T beſitzt, iſt ebenfalls unendlich; oder mit anderen Worten, jeder
Theil eines endlichen Syſtems iſt endlich.

Beweis. Iſt T unendlich, giebt es alſo eine ſolche ähnliche
Abbildung ψ von T, daß $\psi (T)$ ein echter Theil von T wird, ſo
kann man, wenn T Theil von S iſt, dieſe Abbildung ψ zu einer
Abbildung φ von S erweitern, indem man, wenn s irgend ein
Element von S bedeutet, $\varphi (s) = \psi (s)$ oder $\varphi (s) = s$ ſetzt, je
nachdem s Element von T iſt oder nicht. Dieſe Abbildung φ iſt
eine ähnliche; bedeuten nämlich a, b verſchiedene Elemente von S,
ſo iſt, wenn ſie zugleich in T enthalten ſind, das Bild $\varphi (a) = \psi (a)$
verſchieden von dem Bilde $\varphi (b) = \psi (b)$, weil ψ eine ähnliche
Abbildung iſt; wenn ferner a in T, b nicht in T enthalten iſt, ſo
iſt $\varphi (a) = \psi (a)$ verſchieden von $\varphi (b) = b$, weil $\psi (a)$ in T
enthalten iſt; wenn endlich weder a noch b in T enthalten iſt, ſo
iſt ebenfalls $\varphi (a) = a$ verſchieden von $\varphi (b) = b$, was zu zeigen
war. Da ferner $\psi (T)$ Theil von T, alſo nach 7 auch Theil von
S iſt, ſo leuchtet ein, daß auch $\varphi (S) \mathbin{3} S$ iſt. Da endlich $\psi (T)$
echter Theil von T iſt, ſo giebt es in T, alſo auch in S ein Ele=
ment t, welches nicht in $\psi (T) = \varphi (T)$ enthalten iſt; da nun
das Bild $\varphi (s)$ jedes nicht in T enthaltenen Elementes s ſelbſt $= s$,
alſo auch von t verſchieden iſt, ſo kann t überhaupt nicht in $\varphi (S)$

ϱ. der Satz ist wahr für die Zahl $n = 1$, weil sie nicht· in N' enthalten ist (71), während die folgende Zahl $1'$ als Bild der in N enthaltenen Zahl 1 Element von N' ist.

σ. Ist der Satz wahr für eine Zahl n, und setzt man die folgende Zahl $n' = p$, · so ist n verschieden von p, woraus nach 26 wegen der Aehnlichkeit (71) der ordnenden Abbildung φ folgt, daß n', also p verschieden von p' ist. Mithin gilt der Satz auch für die auf n folgende Zahl p, w. z. b. w.

82. Satz. In der Bildkette n_0' einer Zahl n ist zwar (nach 74, 75) deren Bild n', nicht aber die Zahl n selbst enthalten.

Beweis durch vollständige Induction (80). Denn

ϱ. der Satz ist wahr für $n = 1$, weil $1_0' = N'$, und weil nach 71 die Grundzahl 1 nicht in N' enthalten ist.

σ. Ist der Satz wahr für eine Zahl n, und setzt man wieder $n' = p$, so ist n nicht in p_0 enthalten, also verschieden von jeder in p_0 enthaltenen Zahl q, woraus wegen der Aehnlichkeit von φ folgt, daß n', also p verschieden von jeder in p_0' enthaltenen Zahl q', also nicht ü. p_0' enthalten ist. Mithin gilt der Satz auch für die auf n folgende Zahl p, w. z. b. w.

83. Satz. Die Bildkette n_0' ist echter Theil der Kette n_0.

Der Beweis folgt aus 76, 74, 82.

84. Satz. Aus $m_0 = n_0$ folgt $m = n$.

Beweis. Da (nach 74) m in m_0 enthalten, und

$$m_0 = n_0 = \mathfrak{M} \, (n, \, n_0')$$

ist (77), so müßte, wenn der Satz falsch, also m verschieden von n wäre, m in der Kette n_0' enthalten, folglich nach 74 auch $m_0 \, \mathfrak{Z} \, n_0'$, d. h. $n_0 \, \mathfrak{Z} \, n_0'$ sein; da dies dem Satze 83 widerspricht, so ist unser Satz bewiesen.

85. Satz. Wenn die Zahl n nicht in der Zahlenkette K enthalten ist, so ist $K \, \mathfrak{Z} \, n_0'$.

Beweis durch vollständige Induction (80). Denn

ϱ. der Satz ist nach 78 wahr für $n = 1$.

σ. Ist der Satz wahr für eine Zahl n, so gilt er auch für die folgende Zahl $p = n'$; denn wenn p in der Zahlenkette K nicht enthalten ist, so kann nach 40 auch n nicht in K enthalten sein, und folglich ist nach unserer Annahme $K \, 3 \, n_o'$; da nun (nach 77) $n_o' = p_o = \mathfrak{M} \, (p, \, p_o')$, also $K \, 3 \, \mathfrak{M} \, (p, \, p_o')$, und p nicht in K enthalten ist, so muß $K \, 3 \, p_o'$ sein, w. z. b. w.

86. **Satz.** Wenn die Zahl n nicht in der Zahlenkette K enthalten ist, wohl aber ihr Bild n', so ist $K = n_o'$.

Beweis. Da n nicht in K enthalten ist, so ist (nach 85) $K \, 3 \, n_o'$, und da $n' \, 3 \, K$, so ist nach 47 auch $n_o' \, 3 \, K$, folglich $K = n_o'$, w. z. b. w.

87. **Satz.** In jeder Zahlenkette K giebt es eine und (nach 84) nur eine Zahl k, deren Kette $k_o = K$ ist.

Beweis. Ist die Grundzahl 1 in K enthalten, so ist (nach 79) $K = N = 1_o$. Im entgegengesetzten Falle sei Z das System aller nicht in K enthaltenen Zahlen; da die Grundzahl 1 in Z enthalten, aber Z nur ein echter Theil der Zahlenreihe N ist, so kann (nach 79) Z keine Kette, d. h. Z' kann nicht Theil von Z sein; es giebt daher in Z eine Zahl n, deren Bild n' nicht in Z, also gewiß in K enthalten ist; da ferner n in Z, also nicht in K enthalten ist, so ist (nach 86) $K = n_o'$, also $k = n'$, w. z. b. w.

88. **Satz.** Sind m, n verschiedene Zahlen, so ist eine und (nach 83, 84) nur eine der Ketten m_o, n_o echter Theil der anderen, und zwar ist entweder $n_o \, 3 \, m_o'$, oder $m_o \, 3 \, n_o'$.

Beweis. Ist n in m_o enthalten, also nach 74 auch $n_o \, 3 \, m_o$, so kann m nicht in der Kette n_o enthalten sein (weil sonst nach 74 auch $m_o \, 3 \, n_o$, also $m_o = n_o$, mithin nach 84 auch $m = n$ wäre), und hieraus folgt nach 85, daß $n_o \, 3 \, m_o'$ ist. Im entgegengesetzten Falle, wenn n nicht in der Kette m_o enthalten ist, muß (nach 85) $m_o \, 3 \, n_o'$ sein, w. z. b. w.

89. Erklärung. Die Zahl m heißt **kleiner** als die Zahl n und zugleich heißt n **größer** als m, in Zeichen

$$m < n \text{ und } n > m,$$

wenn die Bedingung

$$n_0 \, 3 \, m_0'$$

erfüllt ist, welche nach 74 auch durch

$$n \, 3 \, m_0'$$

ausgedrückt werden kann.

90. Satz. Sind m, n irgend welche Zahlen, so findet immer einer und nur einer der folgenden Fälle λ, μ, ν Statt:

λ. $m = n$, $n = m$, d. h. $m_0 = n_0$

μ. $m < n$, $n > m$, d. h. $n_0 \, 3 \, m_0'$

ν. $m > n$, $n < m$, d. h. $m_0 \, 3 \, n_0'$.

Beweis. Denn wenn λ Statt findet (84), so kann weder μ noch ν eintreten, weil nach 83 niemals $n_0 \, 3 \, n_0'$ ist. Wenn aber λ nicht Statt findet, so tritt nach 88 einer und nur einer der Fälle μ, ν ein, w. z. b. w.

91. Satz. Es ist $n < n'$.

Beweis. Denn die Bedingung für den Fall ν in 90 wird durch $m = n'$ erfüllt.

92. Erklärung. Um auszudrücken, daß m entweder $= n$ oder $< n$, also nicht $> n$ ist (90), bedient man sich der Bezeichnung

$$m \leqq n \text{ oder auch } n \geqq m,$$

und man sagt, m sei **höchstens gleich** n, und n sei **mindestens gleich** m.

93. Satz. Jede der Bedingungen

$$m \leqq n, \quad m < n', \quad n_0 \, 3 \, m_0$$

ist gleichwerthig mit jeder der anderen.

Beweis. Denn wenn $m \leqq n$, so folgt aus λ, μ in 90 immer $n_0 \, 3 \, m_0$, weil (nach 76) $m_0' \, 3 \, m_0$ ist. Umgekehrt, wenn $n_0 \, 3 \, m_0$, also nach 74 auch $n \, 3 \, m_0$ ist, so folgt aus $m_0 = \mathfrak{M} \, (m, m_0')$, daß entweder $n = m$, ober $n 3 m'_o$, b. h. $n > m$ ist. Mithin ist die Bedingung $m \leqq n$ gleichwerthig mit $n_o 3 m_o$. Außerdem folgt aus 22, 27, 75, daß diese Bedingung $n_o 3 m_o$ wieder gleichwerthig mit $n'_o 3 m'_o$, b. h. (nach μ in 90) mit $m < n'$ ist, w. z. b. w.

94. Satz. Jede der Bedingungen
$$m' \leqq n, \; m' < n', \; m < n$$
ist gleichwerthig mit jeder der anderen.

Der Beweis folgt unmittelbar aus 93, wenn man dort m durch m' ersetzt, und aus μ in 90.

95. Satz. Wenn $l < m$ und $m \leqq n$, ober wenn $l \leqq m$ und $m < n$, so ist $l < n$. Wenn aber $l \leqq m$ und $m \leqq n$, so ist $l \leqq n$.

Beweis. Denn aus den (nach 89, 93) entsprechenden Bedingungen $m_o 3 l_o$ und $n_o 3 m_o$ folgt (nach 7) $n_o 3 l_o$, und dasselbe folgt auch aus den Bedingungen $m_o 3 l_o$ und $n_o 3 m'_o$, weil zufolge der ersteren auch $m'_o 3 l_o$ ist. Endlich folgt aus $m_o 3 l_o$ und $n_o 3 m_o$ auch $n_o 3 l_o$, w. z. b. w.

96. Satz. In jedem Theile T von N giebt es eine und nur eine kleinste Zahl k, b. h. eine Zahl k, welche kleiner ist als jede andere in T enthaltene Zahl. Besteht T aus einer einzigen Zahl, so ist dieselbe auch die kleinste Zahl in T.

Beweis. Da T_o eine Kette ist (44), so giebt es nach 87 eine Zahl k, deren Kette $k_o = T_o$ ist. Da hieraus (nach 45, 77) $T 3 \mathfrak{M} (k, k'_o)$ folgt, so muß zunächst k selbst in T enthalten sein (weil sonst $T 3 k'_o$, also nach 47 auch $T_o 3 k'_o$, b. h. $k_o 3 k'_o$ wäre, was nach 83 unmöglich ist), und außerdem muß jede von k verschiedene Zahl des Systems T in k'_o enthalten, b. h. $> k$ sein (89), woraus zugleich nach 90 folgt, daß es nur eine einzige kleinste Zahl in T giebt, w. z. b. w.

97. Satz. Die kleinste Zahl der Kette n_o ist n, und die Grundzahl 1 ist die kleinste aller Zahlen.

Beweis. Denn nach 74, 93 ist die Bedingung $m\,3\,n_0$ gleich= werthig mit $m \geqq n$. Oder es folgt unser Satz auch unmittelbar aus dem Beweise des vorhergehenden Satzes, weil, wenn daselbst $T = n_0$ angenommen wird, offenbar $k = n$ wird (51).

98. Erklärung. Ist n irgend eine Zahl, so wollen wir mit Z_n das System aller Zahlen bezeichnen, welche n i c h t g r ö ß e r als n, also n i c h t in n'_0 enthalten sind. Die Bedingung

$$m\,3\,Z_n$$

ist nach 92, 93 offenbar gleichwerthig mit jeder der folgenden Be= dingungen:

$$m \leqq n, \; m < n', \; n_0\,3\,m_0.$$

99. Satz. Es ist $1\,3\,Z_n$ und $n\,3\,Z_n$.

Der Beweis folgt aus 98, oder auch aus 71 und 82.

100. Satz. Jede der nach 98 gleichwerthigen Bedingungen

$$m\,3\,Z_n, \; m \leqq n, \; m < n', \; n_0\,3\,m_0$$

ist auch gleichwerthig mit der Bedingung

$$Z_m\,3\,Z_n.$$

Beweis. Denn wenn $m\,3\,Z_n$, also $m \leqq n$, und wenn $l\,3\,Z_m$, also $l \leqq m$, so ist nach 95 auch $l \leqq n$, d. h. $l\,3\,Z_n$; wenn also $m\,3\,Z_n$, so ist jedes Element l des Systems Z_m auch Element von Z_n, d. h. $Z_m\,3\,Z_n$. Umgekehrt, wenn $Z_m\,3\,Z_n$, so muß nach 7 auch $m\,3\,Z_n$ sein, weil (nach 99) $m\,3\,Z_m$ ist, w. z. b. w.

101. Satz. Die Bedingungen für die Fälle λ, μ, ν in 90 lassen sich auch in folgender Weise darstellen:

$$\lambda. \quad m = n, \; n = m, \; Z_m = Z_n$$
$$\mu. \quad m < n, \; n > m, \; Z_{m'}\,3\,Z_n$$
$$\nu. \quad m > n, \; n < m, \; Z_{n'}\,3\,Z_m.$$

Der Beweis folgt unmittelbar aus 90, wenn man bedenkt, daß nach 100 die Bedingungen $n_0\,3\,m_0$ und $Z_m\,3\,Z_n$ gleichwerthig sind.

102. Satz. Es ist $Z_1 = 1$.

Beweis. Denn die Grundzahl 1 ist nach 99 in Z_1 enthalten, und jede von 1 verschiedene Zahl ist nach 78 in $1'_o$, also nach 98 nicht in Z_1 enthalten, w. z. b. w.

103. Satz. Zufolge 98 ist $N = \mathfrak{M} \, (Z_n, n'_o)$.

104. Satz. Es ist $n = \mathfrak{G} \, (Z_n, n_o)$, d. h. n ist das einzige gemeinsame Element der Systeme Z_n und n_o.

Beweis. Aus 99 und 74 folgt, daß n in Z_n und n_o ent= halten ist; aber jedes von n verschiedene Element der Kette n_o ist nach 77 in n'_o, also nach 98 nicht in Z_n enthalten, w. z. b. w.

105. Satz. Zufolge 91, 98 ist die Zahl n' nicht in Z_n enthalten.

106. Satz. Ist $m < n$, so ist Z_m echter Theil von Z_n, und umgekehrt.

Beweis. Wenn $m < n$, so ist (nach 100) $Z_m \, 3 \, Z_n$, und da die nach 99 in Z_n enthaltene Zahl n nach 98 nicht in Z_m ent= halten sein kann, weil $n > m$ ist, so ist Z_m echter Theil von Z_n. Umgekehrt, wenn Z_m echter Theil von Z_n, so ist (nach 100) $m \leqq n$, und da m nicht $= n$ sein kann, weil sonst auch $Z_m = Z_n$ wäre, so muß $m < n$ sein, w. z. b. w.

107. Satz. Z_n ist echter Theil von $Z_{n'}$.

Der Beweis folgt aus 106, weil (nach 91) $n < n'$ ist.

108. Satz. $Z_{n'} = \mathfrak{M} \, (Z_n, n')$.

Beweis. Denn jede in $Z_{n'}$ enthaltene Zahl ist (nach 98) $\leqq n'$, also entweder $= n'$, oder $< n'$ und folglich nach 98 Element von Z_n; mithin ist gewiß $Z_{n'} \, 3 \, \mathfrak{M} \, (Z_n, n')$. Da umgekehrt (nach 107) $Z_n \, 3 \, Z_{n'}$ und (nach 99) $n' \, 3 \, Z_{n'}$ ist, so folgt (nach 10)

$$\mathfrak{M} \, (Z_n, n') \, 3 \, Z_{n'},$$

woraus sich unser Satz nach 5 ergiebt.

109. Satz. Das Bild Z'_n des Systems Z_n ist echter Theil des Systems $Z_{n'}$.

Beweis. Denn jede in Z'_n enthaltene Zahl ist das Bild m' einer in Z_n enthaltenen Zahl m, und da $m \leqq n$, also (nach 94) $m' \leqq n'$, so folgt (nach 98) $Z'_n \, 3 \, Z_{n'}$. Da ferner die Zahl 1 nach 99 in $Z_{n'}$, aber nach 71 nicht in dem Bilde Z'_n enthalten sein kann, so ist Z'_n echter Theil von $Z_{n'}$, w. z. b. w.

110. **Satz.** $Z_{n'} = \mathfrak{M}\,(1,\,Z'_n)$.

Beweis. Jede von 1 verschiedene Zahl des Systems $Z_{n'}$ ist nach 78 das Bild m' einer Zahl m, und diese muß $\leqq n$, also nach 98 in Z_n enthalten sein (weil sonst $m > n$, also nach 94 auch $m' > n'$, mithin m' nach 98 nicht in $Z_{n'}$ enthalten wäre); aus $m\,3\,Z_n$ folgt aber $m'\,3\,Z'_n$, und folglich ist gewiß

$$Z_{n'}\,3\,\mathfrak{M}\,(1,\,Z'_n).$$

Da umgekehrt (nach 99) $1\,3\,Z_n$, und (nach 109) $Z'_n\,3\,Z_{n'}$, so folgt (nach 10) $\mathfrak{M}\,(1,\,Z'_n)\,3\,Z_{n'}$ und hieraus ergiebt sich unser Satz nach 5.

111. **Erklärung.** Wenn es in einem System E von Zahlen ein Element g giebt, welches größer als jede andere in E enthaltene Zahl ist, so heißt g die **größte** Zahl des Systems E, und offenbar kann es nach 90 nur eine solche größte Zahl in E geben. Besteht ein System aus einer einzigen Zahl, so ist diese selbst die größte Zahl des Systems.

112. **Satz.** Zufolge 98 ist n die größte Zahl des Systems Z_n.

113. **Satz.** Giebt es in E eine größte Zahl g, so ist $E\,3\,Z_g$.

Beweis. Denn jede in E enthaltene Zahl ist $\leqq g$, mithin nach 98 in Z_g enthalten, w. z. b. w.

114. **Satz.** Ist E Theil eines Systems Z_n, oder giebt es, was dasselbe sagt, eine Zahl n von der Art, daß alle in E enthaltenen Zahlen $\leqq n$ sind, so besitzt E eine größte Zahl g.

Beweis. Das System aller Zahlen p, welche der Bedingung $E\,3\,Z_p$ genügen — und nach unserer Annahme giebt es solche —, ist eine Kette (37), weil nach 107, 7 auch $E\,3\,Z_{p'}$ folgt, und ist daher (nach 87) $= g_o$, wo g die kleinste dieser Zahlen bedeutet (96, 97). Es ist daher auch $E\,3\,Z_g$, folglich (98) ist jede in E enthaltene Zahl $\leqq g$, und wir haben nur noch zu zeigen, daß die

Zahl g selbst in E enthalten ist. Dies leuchtet unmittelbar ein, wenn $g = 1$ ist, weil dann (nach 102) Z_g und folglich auch E aus der einzigen Zahl 1 besteht. Ist aber g von 1 verschieden und folglich nach 78 das Bild f' einer Zahl f, so ist (nach 108) $E \ni \mathfrak{M} (Z_f, g)$; wäre nun g nicht in E enthalten, so müßte $E \ni Z_f$ sein, und es gäbe daher unter den Zahlen p eine Zahl f, welche (nach 91) $< g$ ist, was dem Obigen widerspricht; mithin ist g in E enthalten, w. z. b. w.

115. **Erklärung.** Ist $l <_1 m$ und $m < n$, so sagen wir, die Zahl m l i e g e z w i s c h e n l und n (auch zwischen n und l).

116. **Satz.** Es giebt keine Zahl, die zwischen n und n' liegt.

Beweis. Denn sobald $m < n'$, also (nach 93) $m \leqq n$ ist, so kann nach 90 nicht $n < m$ sein, w. z. b. w.

117. **Satz.** Ist t eine Zahl in T, aber nicht die kleinste (96), so giebt es in T eine und nur eine nächst kleinere Zahl s, d. h. eine Zahl s von der Art, daß $s < t$, und daß es in T keine zwischen s und t liegende Zahl giebt. Ebenso giebt es, wenn nicht etwa t die größte Zahl in T ist (111), in T immer eine und nur eine nächst größere Zahl u, d. h. eine Zahl u von der Art, daß $t < u$, und daß es in T keine zwischen t und u liegende Zahl giebt. Zugleich ist t in T nächst größer als s und nächst kleiner als u.

Beweis. Wenn t nicht die kleinste Zahl in T ist, so sei E das System aller derjenigen Zahlen von T, welche $< t$ sind; dann ist (nach 98) $E \ni Z_t$, und folglich (114) giebt es in E eine größte Zahl s, welche offenbar die im Satze angegebenen Eigenschaften besitzt, und auch die einzige solche Zahl ist. Wenn ferner t nicht die größte Zahl in T ist, so giebt es nach 96 unter allen den Zahlen von T, welche $> t$ sind, gewiß eine kleinste u, welche, und zwar allein, die im Satze angegebenen Eigenschaften besitzt. Ebenso leuchtet die Richtigkeit der Schlußbemerkung des Satzes ein.

118. Satz. In N ist die Zahl n' nächst größer als n, und n nächst kleiner als n'.

Der Beweis folgt aus 116, 117.

§. 8.

Endliche und unendliche Theile der Zahlenreihe.

119. Satz. Jedes System Z_n in 98 ist endlich.

Beweis durch vollständige Induction (80). Denn

ϱ. der Satz ist wahr für $n = 1$ zufolge 65, 102.

σ. Ist Z_n endlich, so folgt aus 108 und 70, daß auch $Z_{n'}$ endlich ist, w. z. b. w.

120. Satz. Sind m, n verschiedene Zahlen, so sind Z_m, Z_n unähnliche Systeme.

Beweis. Der Symmetrie wegen dürfen wir nach 90 annehmen, es sei $m < n$; dann ist Z_m nach 106 echter Theil von Z_n, und da Z_n nach 119 endlich ist, so können (nach 64) Z_m und Z_n nicht ähnlich sein, w. z. b. w.

121. Satz. Jeder Theil E der Zahlenreihe N, welcher eine größte Zahl besitzt (111), ist endlich.

Der Beweis folgt aus 113, 119, 68.

122. Satz. Jeder Theil U der Zahlenreihe N, welcher keine größte Zahl besitzt, ist einfach unendlich (71).

Beweis. Ist u irgend eine Zahl in U, so giebt es nach 117 in U eine und nur eine nächst größere Zahl als u, die wir mit $\psi(u)$ bezeichnen und als Bild von u ansehen wollen. Die hierdurch vollständig bestimmte Abbildung ψ des Systems U hat offenbar die Eigenschaft

α. $\psi(U) \, 3 \, U$,

d. h. U wird durch ψ in sich selbst abgebildet. Sind ferner u, v verschiedene Zahlen in U, so dürfen wir der Symmetrie wegen nach 90 annehmen, es sei $u < v$; dann folgt nach 117 aus der Definition von ψ, daß $\psi(u) \leqq v$ und $v < \psi(v)$, also (nach 95) $\psi(u) < \psi(v)$ ist; mithin sind nach 90 die Bilder $\psi(u)$, $\psi(v)$ verschieden, d. h.

δ. die Abbildung ψ ist ähnlich.

Bedeutet ferner u_1 die kleinste Zahl (96) des Systems U, so ist jede in U enthaltene Zahl $u \geqq u_1$, und da allgemein $u < \psi(u)$, so ist (nach 95) $u_1 < \psi(u)$, also ist u_1 nach 90 verschieden von $\psi(u)$, d. h.

γ. das Element u_1 von U ist nicht in $\psi(U)$ enthalten.

Mithin ist $\psi(U)$ ein echter Theil von U, und folglich ist U nach 64 ein unendliches System. Bezeichnen wir nun in Uebereinstimmung mit 44, wenn V irgend ein Theil von U ist, mit $\psi_o(V)$ die der Abbildung ψ entsprechende Kette von V, so wollen wir endlich noch zeigen, daß

β. $U = \psi_o(u_1)$

ist. In der That, da jede solche Kette $\psi_o(V)$ zufolge ihrer Definition (44) ein Theil des durch ψ in sich selbst abgebildeten Systems U ist, so ist selbstverständlich $\psi_o(u_1) \, 3 \, U$; umgekehrt leuchtet aus 45 zunächst ein, daß das in U enthaltene Element u_1 gewiß in $\psi_o(u_1)$ enthalten ist; nehmen wir aber an, es gebe Elemente von U, die nicht in $\psi_o(u_1)$ enthalten sind, so muß es unter ihnen nach 96 eine kleinste Zahl w geben, und da dieselbe nach dem eben Gesagten verschieden von der kleinsten Zahl u_1 des Systems U ist, so muß es nach 117 in U auch eine Zahl v geben, welche nächst kleiner als w ist, woraus zugleich folgt, daß $w = \psi(v)$ ist; da nun $v < w$, so muß v zufolge der Definition von w gewiß in $\psi_o(u_1)$ enthalten sein; hieraus folgt aber nach 55, daß auch $\psi(v)$, also w in $\psi_o(u_1)$ enthalten sein muß, und da dies im Widerspruch mit der Definition von w steht, so ist unsere obige Annahme unzulässig; mithin ist $U \, 3 \, \psi_o(u_1)$ und folglich auch $U = \psi_o(u_1)$, wie behauptet war. Aus α, β, γ, δ geht nun nach 71 hervor, daß U ein durch ψ geordnetes einfach unendliches System ist, w. z. b. w.

123. Satz. Zufolge 121, 122 ist irgend ein Theil T der Zahlenreihe N endlich oder einfach unendlich, je nachdem es in T eine größte Zahl giebt oder nicht giebt.

§. 9.

Definition einer Abbildung der Zahlenreihe durch Induction.

114. Wir bezeichnen auch im Folgenden mit kleinen lateinischen Buchstaben Zahlen und behalten überhaupt alle Bezeichnungen der vorhergehenden §§. 6 bis 8 bei, während Ω ein beliebiges System bedeutet, dessen Elemente nicht nothwendig in N enthalten zu sein brauchen.

125. Satz. Ist eine beliebige (ähnliche oder unähnliche) Abbildung θ eines Systems Ω in sich selbst, und außerdem ein bestimmtes Element ω in Ω gegeben, so entspricht jeder Zahl n eine und nur eine Abbildung ψ_n des zugehörigen, in 98 erklärten Zahlensystems Z_n, welche den Bedingungen *)

I. $\psi_n(Z_n) \, 3 \, \Omega$

II. $\psi_n(1) = \omega$

III. $\psi_n(t') = \theta \, \psi_n(t)$, wenn $t < n$, genügt, wo das Zeichen $\theta \, \psi_n$ die in 25 angegebene Bedeutung hat.

Beweis durch vollständige Induction (80). Denn

ϱ. der Satz ist wahr für $n = 1$. In diesem Falle besteht nämlich nach 102 das System Z_n aus der einzigen Zahl 1, und die Abbildung ψ_1 ist daher schon durch II vollständig und so definirt, daß I erfüllt ist, während III gänzlich wegfällt.

σ. Ist der Satz wahr für eine Zahl n, so zeigen wir, daß er auch für die folgende Zahl $p = n'$ gilt, und zwar beginnen wir

---

*) Der Deutlichkeit wegen habe ich hier und im folgenden Satze 126 die Bedingung I besonders angeführt, obwohl sie eigentlich schon eine Folge von II und III ist.

mit dem Nachweise, daß es nur eine einzige entsprechende Abbildung ψ_p des Systems Z_p geben kann. In der That, genügt eine Abbildung ψ_p den Bedingungen

I'. $\psi_p (Z_p) \, 3 \, \Omega$

II'. $\psi_p (1) = \omega$

III'. $\psi_p (m') = \theta \, \psi_p (m)$, wenn $m < p$, so ist in ihr nach 21, weil $Z_n \, 3 \, Z_p$ ist (107), auch eine Abbildung von Z_n enthalten, welche offenbar denselben Bedingungen I, II, III genügt wie ψ_n, und folglich mit ψ_n gänzlich übereinstimmt; für alle in Z_n enthaltenen, also (98) für alle Zahlen m, die $< p$, d. h. $\leqq n$ sind, muß daher

$$\psi_p (m) = \psi_n (m) \qquad (m)$$

sein, woraus als besonderer Fall auch

$$\psi_p (n) = \psi_n (n) \qquad (n)$$

folgt; da ferner p nach 105, 108 die einzige nicht in Z_n enthaltene Zahl des Systems Z_p ist, und da nach III' und (n) auch

$$\psi_p (p) = \theta \, \psi_n (n) \qquad (p)$$

sein muß, so ergiebt sich die Richtigkeit unserer obigen Behauptung, daß es nur eine einzige, den Bedingungen I', II', III' genügende Abbildung ψ_p des Systems Z_p geben kann, weil ψ_p durch die eben abgeleiteten Bedingungen (m) und (p) vollständig auf ψ_n zurückgeführt ist. Wir haben nun zu zeigen, daß umgekehrt diese durch (m) und (p) vollständig bestimmte Abbildung ψ_p des Systems Z_p wirklich den Bedingungen I', II', III' genügt. Offenbar ergiebt sich I' aus (m) und (p) mit Rücksicht auf I und darauf, daß $\theta (\Omega) \, 3 \, \Omega$ ist. Ebenso folgt II' aus (m) und II, weil die Zahl 1 nach 99 in Z_n enthalten ist. Die Richtigkeit von III' folgt zunächst für diejenigen Zahlen m, welche $< n$ sind, aus (m) und III, und für die einzige noch übrige Zahl $m = n$ ergiebt sie sich aus (p) und (n). Hiermit ist vollständig dargethan, daß aus der Gültigkeit unseres Satzes für die Zahl n immer auch seine Gültigkeit für die folgende Zahl p folgt, w. z. b. w.

126. Satz der Definition durch Induction. Ist eine beliebige (ähnliche oder unähnliche) Abbildung θ eines Systems Ω - in sich selbst, und außerdem ein bestimmtes Element ω in Ω gegeben, so giebt es eine und nur eine Abbildung ψ der Zahlenreihe N, welche den Bedingungen

I. $\psi (N) \, 3 \, \Omega$

II. $\psi (1) = \omega$

III. $\psi (n') = \theta \psi (n)$ genügt, wo n jede Zahl bedeutet.

Beweis. Da, wenn es wirklich eine solche Abbildung ψ giebt, in ihr nach 21 auch eine Abbildung ψ_n des Systems Z_n enthalten ist, welche den in 125 angegebenen Bedingungen I, II, III genügt, so muß, weil es stets eine und nur eine solche Abbildung ψ_n giebt, nothwendig

$$\psi (n) = \psi_n (n) \qquad\qquad (n)$$

sein. Da hierdurch ψ vollständig bestimmt ist, so folgt, daß es auch nur eine einzige solche Abbildung ψ geben kann (vergl. den Schluß von 130). Daß umgekehrt die durch (n) bestimmte Abbildung ψ auch unseren Bedingungen I, II, III genügt, folgt mit Leichtig= keit aus (n) unter Berücksichtigung der in 125 bewiesenen Eigen= schaften I, II, und (p), w. z. b. w.

127. Satz. Unter den im vorhergehenden Satze gemachten Voraussetzungen ist

$$\psi (T') = \theta \psi (T),$$

wo T irgend einen Theil der Zahlenreihe N bedeutet.

Beweis. Denn wenn t jede Zahl des Systems T bedeutet, so besteht $\psi (T')$ aus allen Elementen $\psi (t')$, und $\theta \psi (T)$ aus allen Elementen $\theta \psi (t)$; hieraus folgt unser Satz, weil (nach III in 126) $\psi (t') = \theta \psi (t)$ ist.

128. Satz. Behält man dieselben Voraussetzungen bei und bezeichnet man mit θ_o die Ketten (44), welche der Abbildung θ des Systems Ω in sich selbst entsprechen, so ist

$$\psi (N) = \theta_o (\omega).$$

3*

Beweis. Wir zeigen zunächst durch vollständige Induction (80), daß

$$\psi(N)\,\mathbf{3}\,\theta_o(\omega),$$

d. h. daß jedes Bild $\psi(n)$ auch Element von $\theta_o(\omega)$ ist. In der That,

ϱ. dieser Satz ist wahr für $n=1$, weil (nach 126. II) $\psi(1)=\omega$, und weil (nach 45) $\omega\,\mathbf{3}\,\theta_o(\omega)$ ist.

σ. Ist der Satz wahr für eine Zahl n, ist also $\psi(n)\,\mathbf{3}\,\theta_o(\omega)$, so ist nach 55 auch $\theta(\psi(n))\,\mathbf{3}\,\theta_o(\omega)$, d. h. (nach 126. III) $\psi(n')\,\mathbf{3}\,\theta_o(\omega)$, also gilt der Satz auch für die folgende Zahl n', w. z. b. w.

Um ferner zu beweisen, daß jedes Element ν der Kette $\theta_o(\omega)$ in $\psi(N)$ enthalten, daß also

$$\theta_o(\omega)\,\mathbf{3}\,\psi(N)$$

ist, wenden wir ebenfalls die vollständige Induction, nämlich den auf Ω und die Abbildung θ übertragenen Satz 59 an. In der That,

ϱ. das Element ω ist $=\psi(1)$, also in $\psi(N)$ enthalten.

σ. Ist ν ein gemeinsames Element der Kette $\theta_o(\omega)$ und des Systems $\psi(N)$, so ist $\nu=\psi(n)$, wo n eine Zahl bedeutet, und hieraus folgt (nach 126. III) $\theta(\nu)=\theta\psi(n)=\psi(n')$, mithin ist auch $\theta(\nu)$ in $\psi(N)$ enthalten, w. z. b. w.

Aus den bewiesenen Sätzen $\psi(N)\,\mathbf{3}\,\theta_o(\omega)$ und $\theta_o(\omega)\,\mathbf{3}\,\psi(N)$ folgt (nach 5) $\psi(N)=\theta_o(\omega)$, w. z. b. w.

129. Satz. Unter denselben Voraussetzungen ist allgemein

$$\psi(n_o)=\theta_o(\psi(n)).$$

Beweis durch vollständige Induction 80. Denn

ϱ. Der Satz gilt zufolge 128 für $n=1$, weil $1_o=N$ und $\psi(1)=\omega$ ist.

σ. Ist der Satz wahr für eine Zahl n, so folgt

$$\theta(\psi(n_o))=\theta(\theta_o(\psi(n)));$$

da nun nach 127, 75

$$\theta(\psi(n_o))=\psi(n'_o),$$

und nach 57, 126. III.

$$\theta\,(\theta_o\,(\psi\,(n))) = \theta_o\,(\theta\,(\psi\,(n))) = \theta_o\,(\psi\,(n'))$$

ift, fo ergiebt fich

$$\psi\,(n_o') = \theta_o\,(\psi\,(n')),$$

d. h. der Satz gilt auch für die auf n folgende Zahl n', w. z. b. w.

130. Bemerkung. Bevor wir zu den wichtigsten Anwendungen des in 126 bewiesenen Satzes der Definition durch Induction über=gehen (§.§. 10 bis 14), verlohnt es sich der Mühe, auf einen Umstand aufmerksam zu machen, durch welchen sich derselbe von dem in 80, oder vielmehr schon in 59, 60 bewiesenen Satze der Demon=stration durch Induction wesentlich unterscheidet, so nahe auch die Verwandtschaft zwischen jenem und diesem zu sein scheint. Während nämlich der Satz 59 ganz allgemein für jede Kette A_o gilt, wo A irgend ein Theil eines durch eine beliebige Abbildung φ in sich selbst abgebildeten Systems S ift (§. 4), so verhält es sich ganz anders mit dem Satze 126, welcher nur die Existenz einer wider=spruchsfreien (oder eindeutigen) Abbildung ψ des einfach unendlichen Systems 1_o behauptet. Wollte man in dem letzteren Satze (unter Beibehaltung der Voraussetzungen über Ω und θ) an Stelle der Zahlenreihe 1_o eine beliebige Kette A_o aus einem solchen System S setzen, und etwa eine Abbildung ψ von A_o in Ω auf ähnliche Weise wie in 126. II, III dadurch definiren, daß

ϱ. jedem Element a von A ein bestimmtes aus Ω gewähltes Element $\psi\,(a)$ entsprechen, und

σ. daß für jedes in A_o enthaltene Element n und dessen Bild $n' = \varphi\,(n)$ die Bedingung $\psi\,(n') = \theta\,\psi\,(n)$ gelten soll, so würde sehr häufig der Fall eintreten, daß es eine solche Ab=bildung ψ gar nicht giebt, weil diese Bedingungen ϱ, σ selbst dann noch in Widerspruch mit einander gerathen können, wenn man auch die in ϱ enthaltene Wahlfreiheit von vornherein der Bedingung σ gemäß beschränkt. Ein Beispiel wird genügen, um sich hiervon zu überzeugen. Ift das aus den verfdiedenen Elementen a und b beftehende Syftem S durch φ fo in fich felbft abgebildet, daß $a' = b$, $b' = a$ wird, fo ift offenbar $a_o = b_o = S$; es fei ferner das aus den verfchiedenen Elementen α, β und γ beftehende Syftem Ω durch θ fo in fich felbft abgebildet, daß $\theta(\alpha) = \beta$, $\theta(\beta) = \gamma$, $\theta(\gamma) = \alpha$ wird; verlangt man nun eine folche Ab= bildung ψ von a_o in Ω, daß $\psi(a) = \alpha$, und außerdem für jedes in a_o enthaltene Element n immer $\psi(n') = \theta\psi(n)$ wird, fo ftößt man auf einen Widerfpruch; denn für $n = a$ ergiebt fich $\psi(b) = \theta(\alpha) = \beta$, und hieraus folgt für $n = b$, daß $\psi(a) = \theta(\beta) = \gamma$ fein müßte, während doch $\psi(a) = \alpha$ war.

Giebt es aber eine Abbildung ψ von A_o in Ω, welche den obigen Bedingungen ϱ, σ ohne Widerfpruch genügt, fo folgt aus 60 leicht, daß fie vollftändig beftimmt ift; denn wenn die Abbildung χ denfelben Bedingungen genügt, fo ift allgemein $\chi(n) = \psi(n)$, weil diefer Satz zufolge ϱ für alle in A enthaltenen Elemente $n = a$ gilt, und weil er, wenn er für ein Element n von A_o gilt, zufolge σ auch für deffen Bild n' gelten muß.

131. Um die Tragweite unferes Satzes 126 ins Licht zu fetzen, wollen wir hier eine Betrachtung einfügen, die auch für andere Unterfuchungen, z. B. für die fogenannte Gruppentheorie nützlich ift.

Wir betrachten ein Syftem Ω, deffen Elemente eine gewiffe Verbindung geftatten, in der Art, daß aus einem Elemente v durch Einwirkung eines Elementes ω immer wieder ein beftimmtes Element deffelben Syftems Ω entfpringt, welches mit $\omega . v$ oder ωv be= zeichnet werden mag und im Allgemeinen von $v \omega$ zu unterfcheiden ift. Man kann dies auch fo auffaffen, daß jedem beftimmten Elemente ω eine beftimmte, etwa durch $\dot\omega$ zu bezeichnende Abbildung des Syftems Ω in fich felbft entfpricht, infofern jedes Element v das beftimmte Bild $\dot\omega(v) = \omega v$ liefert. Wendet man auf diefes Syftem Ω und deffen Element ω den Satz 126 an, indem man zugleich die dort mit θ bezeichnete Abbildung durch ω ersetzt, so entspricht jeder Zahl n ein bestimmtes, in Ω enthaltenes Element $\psi(n)$, das jetzt durch das Symbol ω^n bezeichnet werden mag und bisweilen die $n$te Potenz von ω genannt wird; dieser Begriff ist vollständig erklärt durch die ihm auferlegten Bedingungen

II. $\omega^1 = \omega$

III. $\omega^{n'} = \omega\,\omega^n$,

und seine Existenz ist durch den Beweis des Satzes 126 gesichert.

Ist die obige Verbindung der Elemente außerdem so beschaffen, daß für beliebige Elemente μ, ν, ω stets $\omega\,(\nu\,\mu) = (\omega\,\nu)\,\mu$ ist, so gelten auch die Sätze

$$\omega^{n'} = \omega^n\,\omega, \quad \omega^m\,\omega^n = \omega^n\,\omega^m,$$

deren Beweise leicht durch vollständige Induction (80) zu führen sind und dem Leser überlassen bleiben mögen.

Die vorstehende allgemeine Betrachtung läßt sich unmittelbar auf folgendes Beispiel anwenden. Ist S ein System von beliebigen Elementen, und Ω das zugehörige System, dessen Elemente die sämmtlichen Abbildungen ν von S in sich selbst sind (36), so lassen diese Elemente sich nach 25 immer zusammensetzen, weil $\nu(S)\,\Im\,S$ ist, und die aus solchen Abbildungen ν und ω zusammengesetzte Abbildung $\omega\,\nu$ ist selbst wieder Element von Ω. Dann sind auch alle Elemente ω^n Abbildungen von S in sich selbst, und man sagt, sie entstehen durch Wiederholung der Abbildung ω. Wir wollen nun einen einfachen Zusammenhang hervorheben, der zwischen diesem Begriffe und dem in 44 erklärten Begriffe der Kette $\omega_o(A)$ besteht, wo A wieder irgend einen Theil von S bedeutet. Bezeichnet man der Kürze halber das durch die Abbildung ω^n erzeugte Bild $\omega^n(A)$ mit A_n, so folgt aus III und 25, daß $\omega(A_n) = A_{n'}$ ist. Hieraus ergiebt sich leicht durch vollständige Induction (80), daß alle diese Systeme A_n Theile der Kette $\omega_o(A)$ sind; denn

ϱ. diese Behauptung gilt zufolge 50 für $n = 1$, und σ. wenn sie für eine Zahl n gilt, so folgt aus 55 und aus $A_{n'} = \omega(A_n)$, daß sie auch für die folgende Zahl n' gilt, w. z. b. w. Da ferner nach 45 auch $A\,3\,\omega_o(A)$ ist, so ergiebt sich aus 10, daß auch das aus A und aus allen Bildern A_n zusammengesetzte System K Theil von $\omega_o(A)$ ist. Umgekehrt, da (nach 23) $\omega(K)$ aus $\omega(A) = A_1$ und aus allen Systemen $\omega(A_n) = A_{n'}$, also (nach 78) aus allen Systemen A_n zusammengesetzt ist, welche nach 9 Theile von K sind, so ist (nach 10) $\omega(K)\,3\,K$, d. h. K ist eine Kette (37), und da (nach 9) $A\,3\,K$ ist, so folgt nach 47, daß auch $\omega_o(A)\,3\,K$ ist. Mithin ist $\omega_o(A) = K$, d. h. es besteht folgender Satz: Ist ω eine Abbildung eines Systems S in sich selbst, und A irgend ein Theil von S, so ist die der Abbildung ω entsprechende Kette von A zusammengesetzt aus A und allen durch Wiederholung von ω entstehenden Bildern $\omega^n(A)$. Wir empfehlen dem Leser, mit dieser Auffassung einer Kette zu den früheren Sätzen 57, 58 zurückzukehren.

§. 10.

Die Classe der einfach unendlichen Systeme.

132. Satz. Alle einfach unendlichen Systeme sind der Zahlenreihe N und folglich (nach 33) auch einander ähnlich.

Beweis. Es sei das einfach unendliche System Ω durch die Abbildung θ geordnet (71), und es sei ω das hierbei auftretende Grundelement von Ω; bezeichnen wir mit θ_o wieder die der Abbildung θ entsprechenden Ketten (44), so gilt nach 71 Folgendes:

α. $\theta(\Omega)\,3\,\Omega$.

β. $\Omega = \theta_o(\omega)$.

γ. ω ist nicht in $\theta(\Omega)$ enthalten.

δ. Die Abbildung θ ist eine ähnliche.

Bedeutet nun ψ die in 126 definirte Abbildung der Zahlenreihe N, so folgt aus β und 128 zunächst
$$\psi(N) = \Omega,$$
und wir haben daher nach 32 nur noch zu zeigen, daß ψ eine ähnliche Abbildung ist, d. h. (26) daß verschiedenen Zahlen m, n auch verschiedene Bilder $\psi(m)$, $\psi(n)$ entsprechen. Der Symmetrie wegen dürfen wir nach 90 annehmen, es sei $m > n$, also $m\,3\,n'_o$, und der zu beweisende Satz kommt darauf hinaus, daß $\psi(n)$ nicht in $\psi(n'_o)$, also (nach 127) nicht in $\theta\,\psi(n_o)$ enthalten ist. Dies beweisen wir für jede Zahl n durch vollständige Induction (80). In der That,

ϱ. dieser Satz gilt nach γ für $n = 1$, weil $\psi(1) = \omega$, und $\psi(1_o) = \psi(N) = \Omega$ ist.

σ. Ist der Satz wahr für eine Zahl n, so gilt er auch für die folgende Zahl n'; denn wäre $\psi(n')$, d. h. $\theta\,\psi(n)$ in $\theta\,\psi(n'_o)$ enthalten, so müßte (nach δ und 27) auch $\psi(n)$ in $\psi(n'_o)$ enthalten sein, während unsere Annahme gerade das Gegentheil besagt, w. z. b. w.

133. **Satz.** Jedes System, welches einem einfach unendlichen System und folglich (nach 132, 33) auch der Zahlenreihe N ähnlich ist, ist einfach unendlich.

Beweis. Ist Ω ein der Zahlenreihe N ähnliches System, so giebt es nach 32 eine solche ähnliche Abbildung ψ von N, daß
$$\text{I.} \quad \psi(N) = \Omega$$
wird; dann setzen wir
$$\text{II.} \quad \psi(1) = \omega.$$
Bezeichnet man nach 26 mit $\overline{\psi}$ die umgekehrte, ebenfalls ähnliche Abbildung von Ω, so entspricht jedem Elemente ν von Ω eine bestimmte Zahl $\overline{\psi}(\nu) = n$, nämlich diejenige, deren Bild $\psi(n) = \nu$ ist. Da nun dieser Zahl n eine bestimmte folgende Zahl $\varphi(n) = n'$, und dieser wieder ein bestimmtes Element $\psi(n')$ in Ω entspricht, so gehört zu jedem Elemente ν des Systems Ω auch ein bestimmtes

Element $\psi(n')$ deffelben Syftems, das wir als Bild von ν mit $\theta(\nu)$ bezeichnen wollen. Hierdurch ift eine Abbildung θ von Ω in sich felbst vollständig bestimmt*), und um unferen Satz zu beweisen, wollen wir zeigen, daß Ω durch θ als einfach unendliches Syftem geordnet ift (71), d. h. daß die in dem Beweise von 132 angege= benen Bedingungen α, β, γ, δ fämmtlich erfüllt find. Zunächst leuchtet α aus der Definition von θ unmittelbar ein. Da ferner jeder Zahl n ein Element $\nu = \psi(n)$ entspricht, für welches $\theta(\nu) = \psi(n')$ wird, fo ift allgemein

III. $\quad \psi(n') = \theta\psi(n)$,

und hieraus in Verbindung mit I, II, α ergiebt fich, daß die Ab= bildungen θ, ψ alle Bedingungen des Satzes 126 erfüllen; mithin folgt β aus 128 und I. Nach 127 und I ift ferner

$$\psi(N') = \theta\psi(N) = \theta(\Omega),$$

und hieraus in Verbindung mit II und der Aehnlichkeit der Ab= bildung ψ folgt γ, weil fonft $\psi(1)$ in $\psi(N')$, alfo (nach 27) die Zahl 1 in N' enthalten fein müßte, was (nach 71. γ) nicht der Fall ift. Wenn endlich μ, ν Elemente von Ω, und m, n die ent= fprechenden Zahlen bedeuten, deren Bilder $\psi(m) = \mu$, $\psi(n) = \nu$ find fo folgt aus der Annahme $\theta(\mu) = \theta(\nu)$ nach dem Obigen, daß $\psi(m') = \psi(n')$, hieraus wegen der Aehnlichkeit von ψ, φ, daß $m' = n'$, $m = n$, alfo auch $\mu = \nu$ ift; mithin gilt auch δ, w. z. b. w.

134. Bemerkung. Zufolge der beiden vorhergehenden Sätze 132, 133 bilden alle einfach unendlichen Syfteme eine Claffe im Sinne von 34. Zugleich leuchtet mit Rückficht auf 71, 73 ein, daß jeder Satz über die Zahlen, d. h. über die Elemente n des durch die Abbildung φ geordneten einfach unendlichen Syftems N, und zwar jeder folche Satz, in welchem von der befonderen Befchaffen= heit der Elemente n gänzlich abgefehen wird und nur von folchen

---

*) Offenbar ift θ die nach 25 aus $\overline{\psi}$, φ, ψ zufammengefetzte Abbildung $\psi\,\varphi\,\overline{\psi}$.

Begriffen die Rede ist, die aus der Anordnung φ entspringen, ganz allgemeine Gültigkeit auch für jedes andere durch eine Abbildung θ geordnete einfach unendliche System Ω und dessen Elemente ν besitzt und daß die Uebertragung von N auf Ω (z. B. auch die Uebersetzung eines arithmetischen Satzes aus einer Sprache in eine andere) durch die in 132, 133 betrachtete Abbildung ψ geschieht, welche jedes Element n von N in ein Element ν von Ω, nämlich in $\psi(n)$ verwandelt. Dieses Element ν kann man das $n$te Element von Ω nennen, und hiernach ist die Zahl n selbst die $n$te Zahl der Zahlenreihe N. Dieselbe Bedeutung, welche die Abbildung φ für die Gesetze im Gebiete N besitzt, insofern jedem Elemente n ein bestimmtes Element $\varphi(n) = n'$ folgt, kommt nach der durch ψ bewirkten Verwandlung der Abbildung θ zu für dieselben Gesetze im Gebiete Ω, insofern dem durch Verwandlung von n entstandenen Elemente $\nu = \psi(n)$ das durch Verwandlung von n' entstandene Element $\theta(\nu) = \psi(n')$ folgt; man kann daher mit Recht sagen, daß φ durch ψ in θ verwandelt wird, was sich symbolisch durch $\theta = \psi\varphi\overline{\psi}$, $\varphi = \overline{\psi}\theta\psi$ ausdrückt. Durch diese Bemerkungen wird, wie ich glaube, die in 73 aufgestellte Erklärung des Begriffes der Zahlen vollständig gerechtfertigt. Wir gehen nun zu ferneren Anwendungen des Satzes 126 über.

§. 11.

Addition der Zahlen.

135. **Erklärung.** Es liegt nahe, die im Satze 126 dargestellte Definition einer Abbildung ψ der Zahlenreihe N oder der durch dieselbe bestimmten **Function** $\psi(n)$ auf den Fall anzuwenden, wo das dort mit Ω bezeichnete System, in welchem das Bild $\psi(N)$ enthalten sein soll, die Zahlenreihe N selbst ist, weil für dieses System Ω schon eine Abbildung θ von Ω in sich selbst

vorliegt, nämlich diejenige Abbildung φ, durch welche N als einfach unendliches System geordnet ist (71, 73). Dann wird also $\Omega = N$, $\theta(n) = \varphi(n) = n'$, mithin

$$\text{I.} \quad \psi(N) \, 3 \, N,$$

und es bleibt, um ψ vollständig zu bestimmen, nur noch übrig, das Element ω aus Ω, d. h. aus N nach Belieben zu wählen. Nehmen wir $\omega = 1$, so wird ψ offenbar die identische Abbildung (21) von N, weil den Bedingungen

$$\psi(1) = 1, \quad \psi(n') = (\psi(n))'$$

allgemein durch $\psi(n) = n$ genügt wird. Soll also eine andere Abbildung ψ von N erzeugt werden, so muß für ω eine von 1 verschiedene, nach 78 in N' enthaltene Zahl m' gewählt werden, wo m selbst irgend eine Zahl bedeutet: da die Abbildung ψ offenbar von der Wahl dieser Zahl m abhängig ist, so bezeichnen wir das entsprechende Bild $\psi(n)$ einer beliebigen Zahl n durch das Symbol $m + n$, und nennen diese Zahl die Summe, welche aus der Zahl m durch Addition der Zahl n entsteht, oder kurz die Summe der Zahlen m, n. Dieselbe ist daher nach 126 vollständig bestimmt durch die Bedingungen *)

$$\text{II.} \quad m + 1 = m'$$

$$\text{III.} \quad m + n' = (m + n)'.$$

136. **Satz.** Es ist $m' + n = m + n'$.

Beweis durch vollständige Induction (80). Denn

ϱ. der Satz ist wahr für $n = 1$, weil (nach 135. II)

---

*) Die obige, unmittelbar auf den Satz 126 gegründete Erklärung der Addition scheint mir die einfachste zu sein. Mit Zuziehung des in 131 entwickelten Begriffes kann man aber die Summe $m + n$ auch durch $\varphi^n(m)$ oder auch durch $\varphi^m(n)$ definiren, wo φ wieder die obige Bedeutung hat. Um die vollständige Uebereinstimmung dieser Definitionen mit der obigen zu beweisen, braucht man nach 126 nur zu zeigen, daß, wenn $\varphi^n(m)$ oder $\varphi^m(n)$ mit $\psi(n)$ bezeichnet wird, die Bedingungen $\psi(1) = m'$, $\psi(n') = \varphi \psi(n)$ erfüllt sind, was mit Hülfe der vollständigen Induction (80) unter Zuziehung von 131 leicht gelingt.

$$m' + 1 = (m')' = (m + 1)',$$

und (nach 135. III) $(m + 1)' = m + 1'$ ift.

σ. Iſt der Saß wahr für eine Zahl n, und ſetzt man die folgende Zahl $n' = p$, ſo iſt $m' + n = m + p$, alſo auch $(m' + n)' = (m + p)'$, woraus (nach 135. III) $m' + p = m + p'$ folgt; mithin gilt der Saß auch für die folgende Zahl p, w. z. b. w.

137. Saß. Es iſt $m' + n = (m + n)'$.

Der Beweis folgt aus 136 und 135. III.

138. Saß. Es iſt $1 + n = n'$.

Beweis durch vollſtändige Induction (80). Denn

ρ. der Saß iſt nach 135. II wahr für $n = 1$.

σ. Gilt der Saß für eine Zahl n, und ſetzt man $n' = p$, ſo iſt $1 + n = p$, alſo auch $(1 + n)' = p'$, mithin (nach 135. III) $1 + p = p'$, d. h. der Saß gilt auch für die folgende Zahl p, w. z. b. w.

139. Saß. Es iſt $1 + n = n + 1$.

Der Beweis folgt aus 138 und 135. II.

140. Saß. Es iſt $m + n = n + m$.

Beweis durch vollſtändige Induction (80). Denn

ρ. der Saß iſt nach 139 wahr für $n = 1$.

σ. Gilt der Saß für eine Zahl n, ſo folgt daraus auch $(m + n)' = (n + m)'$, d. h. (nach 135. III) $m + n' = n + m'$, mithin (nach 136) $m + n' = n' + m$; mithin gilt der Saß auch für die folgende Zahl n', w. z. b. w.

141. Saß. Es iſt $(l + m) + n = l + (m + n)$.

Beweis durch vollſtändige Induction (80). Denn

ρ. der Saß iſt wahr für $n = 1$, weil (nach 135. II, III, II) $(l + m) + 1 = (l + m)' = l + m' = l + (m + 1)$ iſt.

σ. Gilt der Saß für eine Zahl n, ſo folgt daraus auch $((l + m) + n)' = (l + (m + n))'$, d. h. (nach 135. III)

$$(l + m) + n' = l + (m + n)' = l + (m + n'),$$

alſo gilt der Saß auch für die folgende Zahl n', w. z. b. w.

142. Satz. Es ist $m + n > m$.

Beweis durch vollständige Induction (80). Denn

ϱ. der Satz ist nach 135. II und 91 wahr für $n = 1$.

σ. Gilt der Satz für eine Zahl n, so gilt er nach 95 auch für die folgende Zahl n', weil (nach 135. III und 91)

$$m + n' = (m + n)' > m + n$$

ist, w. z. b. w.

143. Satz. Die Bedingungen $m > a$ und $m + n > a + n$ sind gleichwerthig.

Beweis durch vollständige Induction (80). Denn

ϱ. der Satz gilt zufolge 135. II und 94 für $n = 1$.

σ. Gilt der Satz für eine Zahl n, so gilt er auch für die folgende Zahl n', weil die Bedingung $m + n > a + n$ nach 94 mit $(m + n)' > (a + n)'$, also nach 135. III auch mit

$$m + n' > a + n'$$

gleichwerthig ist, w. z. b. w.

144. Satz. Ist $m > a$ und $n > b$, so ist auch

$$m + n > a + b.$$

Beweis. Denn aus unseren Voraussetzungen folgt (nach 143) $m + n > a + n$ und $n + a > b + a$ oder, was nach 140 dasselbe ist, $a + n > a + b$, woraus sich der Satz nach 95 ergiebt.

145. Satz. Ist $m + n = a + n$, so ist $m = a$.

Beweis. Denn wenn m nicht $= a$, also nach 90 entweder $m > a$ oder $m < a$ ist, so ist nach 143 entsprechend $m + n > a + n$ oder $m + n < a + n$, also kann (nach 90) $m + n$ gewiß nicht $= a + n$ sein, w. z. b. w.

146. Satz. Ist $l > n$, so giebt es eine und (nach 145) nur eine Zahl m, welche der Bedingung $m + n = l$ genügt.

Beweis durch vollständige Induction (80). Denn

ϱ. der Satz ist wahr für $n = 1$. In der That, wenn $l > 1$, d. h. (89) wenn l in N' enthalten, also das Bild m' einer Zahl m ist, so folgt aus 135. II, daß $l = m + 1$ ist, w. z. b. w.

σ. Gilt der Satz für eine Zahl n, so zeigen wir, daß er auch für die folgende Zahl n' gilt. In der That, wenn $l > n'$ ist, so ist nach 91, 95 auch $l > n$, und folglich giebt es eine Zahl k, welche der Bedingung $l = k + n$ genügt; da dieselbe nach 138 verschieden von 1 ist (weil sonst $l = n'$ wäre), so ist sie nach 78 das Bild m' einer Zahl m, und folglich ist $l = m' + n$, also nach 136 auch $l = m + n'$, w. z. b. w.

§. 12.

Multiplication der Zahlen.

147. **Erklärung.** Nachdem im vorhergehenden §. 11 ein un=endliches System neuer Abbildungen der Zahlenreihe N in sich selbst gefunden ist, kann man jede derselben nach 126 wieder be=nutzen, um abermals neue Abbildungen ψ von N zu erzeugen. Indem man daselbst $\Omega = N$, und $\theta(n) = m + n = n + m$ setzt, wo m eine bestimmte Zahl, wird jedenfalls wieder

I. $\psi(N) 3 N$,

und es bleibt, um ψ vollständig zu bestimmen, nur noch übrig, das Element ω aus N nach Belieben zu wählen. Der einfachste Fall tritt dann ein, wenn man diese Wahl in eine gewisse Uebereinstimmung mit der Wahl von θ bringt, indem man $\omega = m$ setzt. Da die hierdurch vollständig bestimmte Abbildung ψ von dieser Zahl m abhängt, so bezeichnen wir das entsprechende Bild $\psi(n)$ einer beliebigen Zahl n durch das Symbol $m \times n$ oder $m \cdot n$ oder $m\,n$, und nennen diese Zahl das **Product**, welches aus der Zahl m durch **Multiplication** mit der Zahl n entsteht, oder kurz das Product der Zahlen m, n. Dasselbe ist daher nach 126 voll=ständig bestimmt durch die Bedingungen

II. $m \cdot 1 = m$

III. $m\,n' = m\,n + m$.

148. Satz. Es ist $m'n = mn + n$.

Beweis durch vollständige Induction (80). Denn

ϱ. der Satz ist nach 147. II und 135. II wahr für $n = 1$.

σ. Gilt der Satz für eine Zahl n, so folgt
$$m'n + m' = (mn + n) + m'$$
und hieraus (nach 147. III, 141, 140, 136, 141, 147. III)
$$m'n' = mn + (n + m') = mn + (m' + n)$$
$$= mn + (m + n') = (mn + m) + n' = mn' + n';$$
also gilt der Satz auch für die folgende Zahl n', w. z. b. w.

149. Satz. Es ist $1 . n = n$.

Beweis durch vollständige Induction (80). Denn

ϱ. der Satz ist nach 147. II wahr für $n = 1$.

σ. Gilt der Satz für eine Zahl n, so folgt $1 . n + 1 = n + 1$, d. h. (nach 147. III, 135. II) $1 . n' = n'$, also gilt der Satz auch für die folgende Zahl n', w. z. b. w.

150. Satz. Es ist $mn = nm$.

Beweis durch vollständige Induction (80). Denn

ϱ. der Satz gilt nach 147. II, 149 für $n = 1$.

σ. Gilt der Satz für eine Zahl n, so folgt
$$mn + m = nm + m,$$
d. h. (nach 147. III, 148) $mn' = n'm$, also gilt der Satz auch für die folgende Zahl n', w. z. b. w.

151. Satz. Es ist $l(m + n) = lm + ln$.

Beweis durch vollständige Induction (80). Denn

ϱ. der Satz ist nach 135. II, 147. III, 147. II wahr für $n = 1$.

σ. Gilt der Satz für eine Zahl n, so folgt
$$l(m + n) + l = (lm + ln) + l;$$
nach 147. III, 135. III ist aber
$$l(m + n) + l = l(m + n)' = l(m + n'),$$
und nach 141, 147. III ist
$$(lm + ln) + l = lm + (ln + l) = lm + ln',$$

mithin ist $l(m + n') = lm + ln'$, d. h. der Satz gilt auch für die folgende Zahl n', w. z. b. w.

152. Satz. Es ist $(m + n)\,l = ml + nl$.

Der Beweis folgt aus 151, 150.

153. Satz. Es ist $(lm)\,n = l(mn)$.

Beweis durch vollständige Induction (80). Denn

ϱ. der Satz gilt nach 147. II für $n = 1$.

σ. Gilt der Satz für eine Zahl n, so folgt

$$(lm)\,n + lm = l(mn) + lm,$$

d. h. (nach 147. III, 151, 147. III)

$$(lm)\,n' = l(mn + m) = l(mn'),$$

also gilt der Satz auch für die folgende Zahl n', w. z. b. w.

154. Bemerkung. Hätte man in 147 keine Beziehung zwischen ω und θ angenommen, sondern $\omega = k$, $\theta(n) = m + n$ gesetzt, so würde hieraus nach 126 eine weniger einfache Abbildung ψ der Zahlenreihe N entstanden sein; für die Zahl 1 würde $\psi(1) = k$, und für jede andere, also in der Form n' enthaltene Zahl würde $\psi(n') = mn + k$; denn hierdurch wird, wovon man sich mit Zuziehung der vorhergehenden Sätze leicht überzeugt, die Bedingung $\psi(n') = \theta\psi(n)$, d. h. $\psi(n') = m + \psi(n)$ für alle Zahlen n erfüllt.

§. 13.

Potenzirung der Zahlen.

155. Erklärung. Wenn man in dem Satze 126 wieder $\Omega = N$, ferner $\omega = a$, $\theta(n) = an = na$ setzt, so entsteht eine Abbildung ψ von N, welche abermals der Bedingung

I. $\psi(N)\,\mathsf{3}\,N$

genügt; das entsprechende Bild $\psi(n)$ einer beliebigen Zahl n bezeichnen wir mit dem Symbol a^n, und nennen diese Zahl eine Potenz der Basis a, während n der Exponent dieser Potenz

4

von a heißt. Dieser Begriff ist daher vollständig bestimmt durch die Bedingungen

II. $a^1 = a$

III. $a^{n'} = a \cdot a^n = a^n \cdot a.$

156. Satz. Es ist $a^{m+n} = a^m \cdot a^n.$

Beweis durch vollständige Induction (80). Denn

ϱ. der Satz gilt nach 135. II, 155. III, 155. II für $n = 1$.

σ. Gilt der Satz für eine Zahl n, so folgt
$$a^{m+n} \cdot a = (a^m \cdot a^n) a;$$
nach 155. III, 135. III ist aber $a^{m+n} \cdot a = a^{(m+n)'} = a^{m+n'}$, und nach 153, 155. III ist $(a^m \cdot a^n) a = a^m (a^n \cdot a) = a^m \cdot a^{n'}$; mithin ist $a^{m+n'} = a^m \cdot a^{n'}$, d. h. der Satz gilt auch für die folgende Zahl n', w. z. b. w.

157. Satz. Es ist $(a^m)^n = a^{mn}.$

Beweis durch vollständige Induction (80). Denn

ϱ. der Satz gilt nach 155. II, 147. II für $n = 1$.

σ. Gilt der Satz für eine Zahl n, so folgt
$$(a^m)^n \cdot a^m = a^{mn} \cdot a^m;$$
nach 155. III ist aber $(a^m)^n \cdot a^m = (a^m)^{n'}$, und nach 156, 147. III ist $a^{mn} \cdot a^m = a^{mn+m} = a^{mn'}$; mithin ist $(a^m)^{n'} = a^{mn'}$, d. h. der Satz gilt auch für die folgende Zahl n', w. z. b. w.

158. Satz. Es ist $(ab)^n = a^n \cdot b^n.$

Beweis durch vollständige Induction (80). Denn

ϱ. der Satz gilt nach 155. II für $n = 1$.

σ. Gilt der Satz für eine Zahl n, so folgt nach 150, 153, 155. III auch $(ab)^n \cdot a = a(a^n \cdot b^n) = (a \cdot a^n) b^n = a^{n'} \cdot b^n$, und hieraus $((ab)^n \cdot a) b = (a^{n'} \cdot b^n) b$; nach 153, 155. III ist aber $((ab)^n \cdot a) b = (ab)^n \cdot (ab) = (ab)^{n'}$, und ebenso
$$(a^{n'} \cdot b^n) b = a^{n'} \cdot (b^n \cdot b) = a^{n'} \cdot b^{n'};$$
mithin ist $(ab)^{n'} = a^{n'} \cdot b^{n'}$, d. h. der Satz gilt auch für die folgende Zahl n', w. z. b. w.

§. 14.

Anzahl der Elemente eines endlichen Systems.

159. **Satz.** Ist Σ ein unendliches System, so ist jedes der in 98 erklärten Zahlensysteme Z_n ähnlich abbildbar in Σ (d. h. ähnlich einem Theile von Σ), und umgekehrt.

Beweis. Wenn Σ unendlich ist, so giebt es nach 72 gewiß einen Theil T von Σ, welcher einfach unendlich, also nach 132 der Zahlenreihe N ähnlich ist, und folglich ist nach 35 jedes System Z_n als Theil von N auch einem Theile von T, also auch einem Theile von Σ ähnlich, w. z. b. w.

Der Beweis der Umkehrung — so einleuchtend dieselbe er=
scheinen mag — ist umständlicher. Wenn jedes System Z_n ähnlich abbildbar in Σ ist, so entspricht jeder Zahl n eine solche ähnliche Abbildung α_n von Z_n, daß $\alpha_n(Z_n)\,\mathbf{3}\,\Sigma$ wird. Aus der Existenz einer solchen, als gegeben anzusehenden Reihe von Abbildungen α_n, über die aber weiter Nichts vorausgesetzt wird, leiten wir zunächst mit Hülfe des Satzes 126 die Existenz einer neuen Reihe von eben solchen Abbildungen ψ_n ab, welche die besondere Eigenschaft besitzt, daß jedesmal, wenn $m \leqq n$, also (nach 100) $Z_m\,\mathbf{3}\,Z_n$ ist, die Abbildung ψ_m des Theiles Z_m in der Abbildung ψ_n von Z_n ent=
halten ist (21), d. h. daß die Abbildungen ψ_m und ψ_n für alle in Z_m enthaltenen Zahlen gänzlich mit einander übereinstimmen, also auch stets

$$\psi_m(m) = \psi_n(m)$$

wird. Um den genannten Satz diesem Ziele gemäß anzuwenden, verstehen wir unter Ω dasjenige System, dessen Elemente alle über=
haupt möglichen ähnlichen Abbildungen aller Systeme Z_n in Σ sind, und definiren mit Hülfe der gegebenen, ebenfalls in Ω ent=
haltenen Elemente α_n auf folgende Weise eine Abbildung θ von Ω in sich selbst. Ist β irgend ein Element von Ω, also z. B. eine

ähnliche Abbildung des bestimmten Systems Z_n in Σ, so kann das System $\alpha_{n'}(Z_{n'})$ nicht Theil von $\beta(Z_n)$ sein, weil sonst $Z_{n'}$ nach 35 einem Theile von Z_n, also nach 107 einem echten Theile seiner selbst ähnlich, mithin unendlich wäre, was dem Satze 119 widersprechen würde; es giebt daher in $Z_{n'}$ gewiß eine Zahl oder verschiedene Zahlen p der Art, daß $\alpha_{n'}(p)$ nicht in $\beta(Z_n)$ ent=halten ist; von diesen Zahlen p wählen wir — nur um etwas Bestimmtes festzusetzen — immer die kleinste k (96), und definiren, da $Z_{n'}$ nach 108 aus Z_n und n' zusammengesetzt ist, eine Ab=bildung γ von $Z_{n'}$ dadurch, daß für alle in Z_n enthaltenen Zahlen m das Bild $\gamma(m) = \beta(m)$, und außerdem $\gamma(n') = \alpha_{n'}(k)$ sein soll; diese, offenbar ähnliche, Abbildung γ von $Z_{n'}$ in Σ sehen wir nun als ein Bild $\theta(\beta)$ der Abbildung β an, und hierdurch ist eine Abbildung θ des Systems Ω in sich selbst vollständig definirt. Nachdem die in 126 genannten Dinge Ω und θ bestimmt sind, wählen wir endlich für das mit ω bezeichnete Element von Ω die gegebene Abbildung α_1; hierdurch ist nach 126 eine Abbildung ψ der Zahlenreihe N in Ω bestimmt, welche, wenn wir das zugehörige Bild einer beliebigen Zahl n nicht mit $\psi(n)$, sondern mit ψ_n be=zeichnen, den Bedingungen

II. $\psi_1 = \alpha_1$

III. $\psi_{n'} = \theta(\psi_n)$

genügt. Durch vollständige Induction (80) ergiebt sich zunächst, daß ψ_n eine ähnliche Abbildung von Z_n in Σ ist; denn

ϱ. dies ist zufolge II wahr für $n = 1$, und

σ. wenn diese Behauptung für eine Zahl n zutrifft, so folgt aus III und aus der Art des oben beschriebenen Ueberganges θ von β zu γ, daß die Behauptung auch für die folgende Zahl n' gilt, w. z. b. w. Hierauf beweisen wir ebenfalls durch vollständige Induction (80), daß, wenn m irgend eine Zahl ist, die oben an=gekündigte Eigenschaft

$$\psi_n(m) = \psi_m(m)$$

wirklich allen Zahlen n zukommt, welche $\geqq m$ sind, also nach 93, 74 der Kette m_0 angehören; in der That,

ϱ. dies leuchtet unmittelbar ein für $n = m$, und

σ. wenn diese Eigenschaft einer Zahl n zukommt, so folgt wieder aus III und der Beschaffenheit von θ, daß sie auch der Zahl n' zukommt, w. z. b. w. Nachdem auch diese besondere Eigenschaft unserer neuen Reihe von Abbildungen ψ_n festgestellt ist, können wir unseren Satz leicht beweisen. Wir definiren eine Ab= bildung χ der Zahlenreihe N, indem wir jeder Zahl n das Bild $\chi(n) = \psi'_n(n)$ entsprechen lassen; offenbar sind (nach 21) alle Abbildungen ψ_n in dieser einen Abbildung χ enthalten. Da ψ_n eine Abbildung von Z_n in Σ war, so folgt zunächst, daß die Zahlenreihe N durch χ ebenfalls in Σ abgebildet wird, also $\chi(N) \Im \Sigma$ ist. Sind ferner m, n verschiedene Zahlen, so darf man der Symmetrie wegen nach 90 annehmen, es sei $m < n$; dann ist nach dem Obigen $\chi(m) = \psi_m(m) = \psi_n(m)$, und $\chi(n) = \psi_n(n)$; da aber ψ_n eine ähnliche Abbildung von Z_n in Σ war, und m, n verschiedene Elemente von Z_n sind, so ist $\psi_n(m)$ verschieden von $\psi_n(n)$, also auch $\chi(m)$ verschieden von $\chi(n)$, d. h. χ ist eine ähn= liche Abbildung von N. Da ferner N ein unendliches System ist (71), so gilt nach 67 dasselbe von dem ihm ähnlichen System $\chi(N)$ und nach 68, weil $\chi(N)$ Theil von Σ ist, auch von Σ, w. z. b. w.

160. Satz. Ein System Σ ist endlich oder unendlich, je nachdem es ein ihm ähnliches System Z_n giebt oder nicht giebt.

Beweis. Wenn Σ endlich ist, so giebt es nach 159 Systeme Z_n, welche nicht ähnlich abbildbar in Σ sind; da nach 102 das System Z_1 aus der einzigen Zahl 1 besteht und folglich in jedem Systeme ähnlich abbildbar ist, so muß die kleinste Zahl k (96), der ein in Σ nicht ähnlich abbildbares System Z_k entspricht, verschieden von 1, also (nach 78) $= n'$ sein, und da $n < n'$ ist (91), so giebt es eine ähnliche Abbildung ψ von Z_n in Σ; wäre nun

$\psi(Z_n)$ nur ein echter Theil von Σ, gäbe es also ein Element α in Σ, welches nicht in $\psi(Z_n)$ enthalten ist, so könnte man, da $Z_{n'} = \mathfrak{M}(Z_n, n')$ ist (108), diese Abbildung ψ zu einer ähnlichen Abbildung ψ von $Z_{n'}$ in Σ erweitern, indem man $\psi(n') = \alpha$ setzte, während doch nach unserer Annahme $Z_{n'}$ nicht ähnlich abbildbar in Σ ist. Mithin ist $\psi(Z_n) = \Sigma$, d. h. Z_n und Σ sind ähnliche Systeme. Umgekehrt, wenn ein System Σ einem Systeme Z_n ähnlich ist, so ist Σ nach 119, 67 endlich, w. z. b. w.

161. Erklärung. Ist Σ ein endliches System, so giebt es nach 160 eine und nach 120, 33 auch nur eine einzige Zahl n, welcher ein dem Systeme Σ ähnliches System Z_n entspricht; diese Zahl n heißt die Anzahl der in Σ enthaltenen Elemente (oder auch der Grad des Systems Σ), und man sagt, Σ bestehe aus oder sei ein System von n Elementen, oder die Zahl n gebe an, wie viele Elemente in Σ enthalten sind*). Wenn die Zahlen benutzt werden, um diese bestimmte Eigenschaft endlicher Systeme genau auszudrücken, so heißen sie Cardinalzahlen. Sobald eine bestimmte ähnliche Abbildung ψ des Systems Z_n gewählt ist, vermöge welcher $\psi(Z_n) = \Sigma$ wird, so entspricht jeder in Z_n enthaltenen Zahl m (d. h. jeder Zahl m, welche $\leqq n$ ist) ein bestimmtes Element $\psi(m)$ des Systems Σ, und rückwärts entspricht nach 26 jedem Elemente von Σ durch die umgekehrte Abbildung $\overline{\psi}$ eine bestimmte Zahl m in Z_n. Sehr oft bezeichnet man alle Elemente von Σ mit einem einzigen Buchstaben, z. B. α, dem man die unterscheidenden Zahlen m als Zeiger anhängt, so daß $\psi(m)$ mit α_m bezeichnet wird. Man sagt auch, diese Elemente seien gezählt und durch ψ in bestimmter Weise geordnet, und nennt α_m das $m$te Element von Σ; ist $m < n$, so heißt $\alpha_{m'}$ das auf α_m folgende Element, und α_m heißt das

---

*) Der Deutlichkeit und Einfachheit wegen beschränken wir im Folgenden den Begriff der Anzahl durchaus auf endliche Systeme; wenn wir daher von einer Anzahl gewisser Dinge sprechen, so soll damit immer schon ausgedrückt sein, daß das System, dessen Elemente diese Dinge sind, ein endliches ist.

letzte Element. Bei diesem Zählen der Elemente treten daher die Zahlen m wieder als Ordinalzahlen auf (73).

162. Satz. Alle einem endlichen Systeme ähnlichen Systeme besitzen dieselbe Anzahl von Elementen.

Der Beweis folgt unmittelbar aus 33, 161.

163. Satz. Die Anzahl der in Z_n enthaltenen, d. h. derjenigen Zahlen, welche $\leqq n$ sind, ist n.

Beweis. Denn nach 32 ist Z_n sich selbst ähnlich.

164. Satz. Besteht ein System aus einem einzigen Element, so ist die Anzahl seiner Elemente $= 1$, und umgekehrt.

Der Beweis folgt unmittelbar aus 2, 26, 32, 102, 161.

165. Satz. Ist T echter Theil eines endlichen Systems Σ, so ist die Anzahl der Elemente von T kleiner, als diejenige der Elemente von Σ.

Beweis. Nach 68 ist T ein endliches System, also ähnlich einem Systeme Z_m, wo m die Anzahl der Elemente von T bedeutet; ist ferner n die Anzahl der Elemente von Σ, also Σ ähnlich Z_n, so ist T nach 35 einem echten Theile E von Z_n ähnlich, und nach 33 sind auch Z_m und E einander ähnlich; wäre nun $n \leqq m$, also $Z_n \mathbin{3} Z_m$, so wäre E nach 7 auch echter Theil von Z_m, und folglich Z_m ein unendliches System, was dem Satze 119 widerspricht; mithin ist (nach 90) $m < n$, w. z. b. w.

166. Satz. Ist $\Gamma = \mathfrak{M}\,(B, \gamma)$, wo B ein System von n Elementen, und γ ein nicht in B enthaltenes Element von Γ bedeutet, so besteht Γ aus n' Elementen.

Beweis. Denn wenn $B = \psi\,(Z_n)$ ist, wo ψ eine ähnliche Abbildung von Z_n bedeutet, so läßt sich dieselbe nach 105, 108 zu einer ähnlichen Abbildung ψ von $Z_{n'}$ erweitern, indem man $\psi\,(n') = \gamma$ setzt, und zwar wird $\psi\,(Z_{n'}) = \Gamma$, w. z. b. w.

167. Satz. Ist γ ein Element eines aus n' Elementen bestehenden Systems Γ, so ist n die Anzahl aller anderen Elemente von Γ.

Beweis. Denn wenn B der Inbegriff aller von γ ver= schiedenen Elemente in Γ bedeutet, so ist $\Gamma = \mathfrak{M}\,(B,\gamma)$; ist nun b die Anzahl der Elemente des endlichen Systems B, so ist nach dem vorhergehenden Satze b' die Anzahl der Elemente von Γ, also $= n'$, woraus nach 26 auch $b = n$ folgt, w. z. b. w.

168. Satz. Besteht A aus m, und B aus n Elementen, und haben A und B kein gemeinsames Element, so besteht $\mathfrak{M}\,(A,\,B)$ aus $m + n$ Elementen.

Beweis durch vollständige Induction (80). Denn

ϱ. der Satz ist wahr für $n = 1$ zufolge 166, 164, 135. II.

σ. Gilt der Satz für eine Zahl n, so gilt er auch für die folgende Zahl n'. In der That, wenn Γ ein System von n' Elementen ist, so kann man (nach 167) $\Gamma = \mathfrak{M}\,(B,\,\gamma)$ setzen, wo γ ein Element und B das System der n anderen Elemente von Γ bedeutet. Ist nun A ein System von m Elementen, deren jedes nicht in Γ, also auch nicht in B enthalten ist, und setzt man $\mathfrak{M}\,(A,\,B) = \Sigma$, so ist nach unserer Annahme $m + n$ die Anzahl der Elemente von Σ, und da γ nicht in Σ enthalten ist, so ist nach 166 die Anzahl der in $\mathfrak{M}\,(\Sigma,\,\gamma)$ enthaltenen Elemente $= (m + n)'$, also (nach 135. III) $= m + n'$; da aber nach 15 offenbar $\mathfrak{M}\,(\Sigma,\gamma) = \mathfrak{M}\,(A,B,\gamma) = \mathfrak{M}\,(A,\Gamma)$ ist, so ist $m + n'$ die Anzahl der Elemente von $\mathfrak{M}\,(A,\,\Gamma)$, w. z. b. w.

169. Satz. Sind A, B endliche Systeme von beziehungs= weise m, n Elementen, so ist $\mathfrak{M}\,(A,\,B)$ ein endliches System, und die Anzahl seiner Elemente ist $\leq m + n$.

Beweis. Ist $B\,\mathfrak{Z}\,A$, so ist $\mathfrak{M}\,(A,\,B) = A$, und die Anzahl m der Elemente dieses Systems ist (nach 142) $< m + n$, wie behauptet war. Ist aber B kein Theil von A, und T das System aller derjenigen Elemente von B, welche nicht in A enthalten sind, so ist nach 165 deren Anzahl $p \leq n$, und da offenbar

$$\mathfrak{M}\,(A,\,B) = \mathfrak{M}\,(A,\,T)$$

ift, jo ift nach 143 die Anzahl $m + p$ der Elemente diejes Syftems $\leqq m + n$, w. z. b. w.

170. Saß. Jedes aus einer Anzahl n von endlichen Syfte=men zujammengejeßte Syftem ift endlich.

Beweis durch vollftändige Induction (80). Denn

ϱ. der Saß ift nach 8 jelbftverftändlich für $n = 1$.

σ. Gilt der Saß für eine Zahl n, und ift Σ zujammengejeßt aus n' endlichen Syftemen, jo jei A eines diejer Syfteme, und B das aus allen übrigen zujammengejeßte Syftem; da deren Anzahl (nach 167) $= n$ ift, jo ift nach unjerer Annahme B ein endliches Syftem. Da nun offenbar $\Sigma = \mathfrak{M}(A, B)$ ift, jo folgt hieraus und aus 169, daß auch Σ ein endliches Syftem ift, w. z. b. w.

171. Saß. Ift ψ eine unähnliche Abbildung eines endlichen Syftems Σ von n Elementen, jo ift die Anzahl der Elemente des Bildes $\psi(\Sigma)$ kleiner als n.

Beweis. Wählt man von allen denjenigen Elementen von Σ, welche ein und dasselbe Bild bejißen, immer nur ein einziges nach Belieben aus, jo ift das Syftem T aller diejer ausgewählten Ele=mente offenbar ein echter Theil von Σ, weil ψ eine unähnliche Abbildung von Σ ift (26). Zugleich leuchtet aber ein, daß die (nach 21) in ψ enthaltene Abbildung diejes Theils T eine ähn=liche, und daß $\psi(T) = \psi(\Sigma)$ ift; mithin ift das Syftem $\psi(\Sigma)$ ähnlich dem echten Theil T von Σ, und hieraus folgt unjer Saß nach 162, 165.

172. Schlußbemerkung. Obgleich joeben bewiejen ift, daß die Anzahl m der Elemente von $\psi(\Sigma)$ kleiner als die Anzahl n der Elemente von Σ ift, jo jagt man in manchen Fällen doch gern, die Anzahl der Elemente von $\psi(\Sigma)$ jei $= n$. Natürlich wird dann das Wort Anzahl in einem anderen, als dem bisherigen Sinne (161) gebraucht; ift nämlich α ein Element von Σ, und a die Anzahl aller derjenigen Elemente von Σ, welche ein und dasselbe Bild $\psi(\alpha)$ bejißen, jo wird leßteres als Element von $\psi(\Sigma)$ häufig

4*

doch noch als Vertreter von a Elementen aufgefaßt, die wenigstens ihrer Abstammung nach als verschieden von einander angesehen werden können, und wird demgemäß als a faches Element von $\psi\,(\Sigma)$ gezählt. Man kommt auf diese Weise zu dem in vielen Fällen sehr nützlichen Begriffe von Systemen, in denen jedes Element mit einer gewissen Häufigkeitszahl ausgestattet ist, welche angiebt, wie oft dasselbe als Element des Systems gerechnet werden soll. Im obigen Falle würde man z. B. sagen, daß n die Anzahl der in diesem Sinne gezählten Elemente von $\psi\,(\Sigma)$ ist, während die Anzahl m der wirklich verschiedenen Elemente dieses Systems mit der Anzahl der Elemente von T übereinstimmt. Aehnliche Abweichungen von der ursprünglichen Bedeutung eines Kunstausdrucks, die nichts Anderes sind, als Erweiterungen der ursprünglichen Begriffe, treten sehr häufig in der Mathematik auf; doch liegt es nicht im Zweck dieser Schrift, näher hierauf einzugehen.

Printed in the United States
By Bookmasters